“果树栽培修剪图解丛书”
编写委员会

蓝莓丰产栽培整形与修剪图解

韦继光　於虹　主编

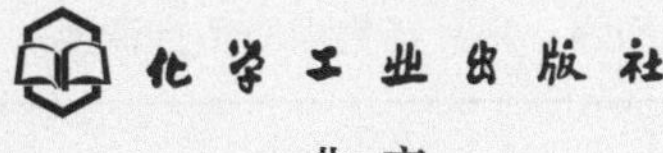

·北京·

内容简介

本书是在总结作者多年科研成果与推广实践的基础上，结合国内外大量生产实践经验及素材编写而成，系统介绍了国内外蓝莓丰产栽培及整形修剪基本理论及关键技术。全书共分7章，内容包括中国蓝莓产业发展现状及前景展望，蓝莓生物学特性，蓝莓优良品种介绍，建园，蓝莓水肥管理，蓝莓病、虫、草、鸟害防控，蓝莓整形修剪。本书图文并茂，有百余幅图和照片，内容丰富，可供广大蓝莓种植者、农技生产与推广人员、专业技术人员参考。

图书在版编目（CIP）数据

蓝莓丰产栽培整形与修剪图解/韦继光，於虹主编.
—2版. —北京：化学工业出版社，2021.10（2025.4重印）
（果树栽培修剪图解丛书）
ISBN 978-7-122-39586-3

Ⅰ.①蓝… Ⅱ.①韦…②於… Ⅲ.①浆果类果树-果树园艺-图解 Ⅳ.①S663.2-64

中国版本图书馆CIP数据核字（2021）第142858号

责任编辑：李　丽　　装帧设计：韩　飞
责任校对：王　静

出版发行：化学工业出版社（北京市东城区青年湖南街13号　邮政编码100011）
印　　装：涿州市般润文化传播有限公司
710mm×1000mm　1/16　印张$9^1/_4$　字数120千字　2025年4月北京第2版第2次印刷

购书咨询：010-64518888　　售后服务：010-64518899
网　　址：http://www.cip.com.cn
凡购买本书，如有缺损质量问题，本社销售中心负责调换。

定　　价：59.80元　

编写人员名单

主　　编： 韦继光　於　虹

编写人员： 韦继光（江苏省中国科学院植物研究所）

於　虹（江苏省中国科学院植物研究所）

魏永祥（辽宁省农业科学院大连分院）

曾其龙（江苏省中国科学院植物研究所）

顾　姻（江苏省中国科学院植物研究所）

贺善安（江苏省中国科学院植物研究所）

审　　校： 顾　姻　贺善安

前　言

蓝莓（Blueberry）又称蓝浆果、越橘，为杜鹃花科（Ericaceae）越橘属（*Vaccinium*）多年生灌木，是一种新兴小浆果类果树。蓝莓果实直径0.5～2.5厘米，果皮为蓝色，在其果皮中含有种类丰富的花青素，因此具有较强的抗氧化和消炎功效。目前蓝莓的栽培种类有五大类，即北方高丛蓝莓、南方高丛蓝莓、兔眼蓝莓、半高丛蓝莓和矮丛蓝莓。至2016年世界蓝莓栽培面积达到203万亩（1亩=667米^2），产量达到65.5万吨。我国于20世纪80年代由北美及欧洲等地引进蓝莓试种，21世纪初开展推广种植，截至2017年，全国蓝莓栽培面积达到70余万亩，产量达11.4万吨（李亚东等，2018）。相对于其原产地和其他新发展国家，我国蓝莓生产无论是产量还是果实品质均存在较大差距。目前大部分种植场和种植户对蓝莓品种特性、生态要求等尚缺乏深刻的理论认识和足够的实践经验。对于一个引进种植不到40年的新果树种类，在掌握了其基本生物学特性、品种特点和种植要求后，合理施肥及水分管理、病虫害防治和正确修剪是保证丰产稳产和果品品质的重要措施。

我国蓝莓引种研究和产业化生产目前还处于发展初期，有关蓝莓整形修剪技术研究工作尚少，生产上对蓝莓整形修剪也没有引起足够重视。与传统落叶果树，如桃树、苹果等相比，蓝莓一般不会因为一两年没有及时修剪而立刻影响产量。但是，对于已进入盛果期的树体，每年适度的修剪可以保持丰产稳产和增加大果比例。在其原产国美国，也是看到经过修剪的蓝莓果园保持了50年以上的丰产稳产和良好的果实品质后，才真正认识到蓝莓修剪的重要作用。我国的蓝莓栽培现状调查表明，在很多较大规模的蓝莓园内，蓝莓树龄已达7年以上，进入了盛果期。但是大多数未进行规范的整形修剪，已经产生枝条过密、树体结构不良、光合效率下降、树体早衰、产量年际波动变大、果实品质下降、结果年限和树体寿命缩短等不良后果。目前没有进行及时和合理的整形修剪，是完全可以理解的，问题也是不难解决的。在生产栽培上，规范性整形修剪是保证丰产稳产、优质高效的重要措施之一。目前我国蓝莓产业正处在栽培面积及产量快速增长阶段。随着产业的推进发展，今后蓝莓产业将由单纯追求产量向数量质量并重的效益型转变，整形修剪技术作为果树栽培综合管理的关键一环，将发挥重要作用。但也不能片面夸大整形修剪的作用而过分依赖于修剪。整形修剪是在一定生态条件下，相应农业技术措施的基础上，根据各个品种的生物学特性及生长发育规律，对生长发育采取调控的技术措施。要因时、因地、因品种和因树龄树势不同而异，同时必须以良好的水肥管理为基础，以病虫防控为保证，整形修剪才能充分发挥作用。

《蓝莓高产栽培整形与修剪图解》一书出版后，对提高蓝莓整形修剪水平、促进蓝莓产业发展起到了良好作用，深受广大果农、农技推广工作者和科研单位的好评。随着社会的发展和技术的进步，许多新品种、新技术在蓝莓栽培生产中得到了广泛应用，并对我国蓝莓产业发展及提高我国蓝莓的生产水平起到了重要作用。近年来，随着蓝莓的营养价值和保健功能被越来越多的人认识，蓝莓需求量与日俱增，蓝莓栽培面积迅速增长。为适应我国蓝莓产业发展新形势的要求，我们对本书内容进行了更新和补充，在维持原书基本体系的基础上，增加了中国蓝莓产业发展概况、蓝莓优良品种介绍、建园、水肥管理、病虫草害防控等新的内容，同时配以形象直观的图片，力求图文并茂、通俗易懂。本书的编写出版是全体作者、审稿专家和出版社编辑人员共同努力、团结协作的成果。在此表示衷心感谢。由于笔者的研究工作、生产实践经验及积累的素材还十分有限，加上当前国内外蓝莓育种、栽培技术及病虫害综合防治技术发展速度极快，新品种、新技术不断涌现，书中难免存在一些不妥之处，恳请各位同仁及广大读者予以批评指正，以便今后不断完善。

编者

2021年7月

第一版前言

蓝莓（Blueberry）又称蓝浆果、越橘，为杜鹃花科（Ericaceae）越橘属（*Vaccinium*）多年生灌木，是一种新兴小浆果类果树。蓝莓果实直径0.5～2.0厘米，果皮为蓝色，在其果皮中含有种类丰富的花青素，因此具有较强的抗氧化和消炎功效。目前蓝莓的栽培类型有五大类，即北方高丛蓝莓、南方高丛蓝莓、兔眼蓝莓、半高丛蓝莓和矮丛蓝莓。至2013年世界蓝莓栽培面积达到180万亩（1亩＝667米^2），产量达到34万吨。我国于20世纪80年代由北美引进蓝莓试种，21世纪初开展推广种植，2014年蓝莓栽培面积达到30万亩，产量2.5万吨。相对于其原产地和其他新发展国家，我国蓝莓生产无论是产量还是果实品质等均存在较大差距。目前大部分种植场和种植户对蓝莓品种特性、生态要求等尚缺乏深刻的理论认识和足够的实践经验。对于一个引进种植不到40年的新果树种类，在掌握了基本的品种特性和生态适应性要求后，合理施肥、病虫害防治和正确修剪是保证丰产稳产和果品品质的重要措施。

我国蓝莓引种研究和产业化生产目前还处于发展初期，有关蓝莓整形修剪技术研究工作尚少，生产上对蓝莓整形修剪也没有引起足够重视。与传统落叶果树，如桃树、葡萄等相比，蓝莓一般不会因为一年没有及时修剪而立刻影响产量。但是，对于已进入盛果期的树体，每年适度的修剪可以保持丰产稳产和增加大果比例。在其原产国美国，也是看到经过修剪的蓝莓果园保持了50年以上的丰产稳产和良好的果实品质后，才真正认识到蓝莓修剪的重要作用。我国的蓝莓栽培现状调查表明，在很多较大规模的蓝莓园内，蓝莓树龄已达7年以上，进入了盛果期。但是大多数未进行规范的整形修剪，已经产生枝条过密、树体结构不良、光合效率下降、树体早衰、产量年际波动变大、果实品质下降、结果年限和树体寿命缩短等不良后果。目前没有进行及时和合理的整形修剪，是完全可以理解的，问题也是不难解决的。在生产栽培上，规范性整形修剪是保证丰产稳产、优质高效的重要措施之一。随着产业的推进发展，今后蓝莓产业将由单纯追求产量向数量质量并重的效益型转变，整形修剪技术作为果树栽培综合管理的关键一环，将发挥重要作用。

笔者参考国外蓝莓整形修剪技术和国内整形修剪实例，结合项目组多年引种栽培和推广的实践经验，归纳出了蓝莓整形修剪技术要领。针对不同蓝莓品种类型及树龄，制订适宜的操作技术要点，最终达到使树体结构合理，通风透光良好，受光面积增大，光合效率增强，操作管理方便，实现持续丰产稳产和优质高效的目标。本书主要目的是帮助蓝莓种植者了解蓝莓修剪的原则和主要修剪方法。

编者

2016年6月

目 录

第一章

中国蓝莓产业发展现状及前景展望

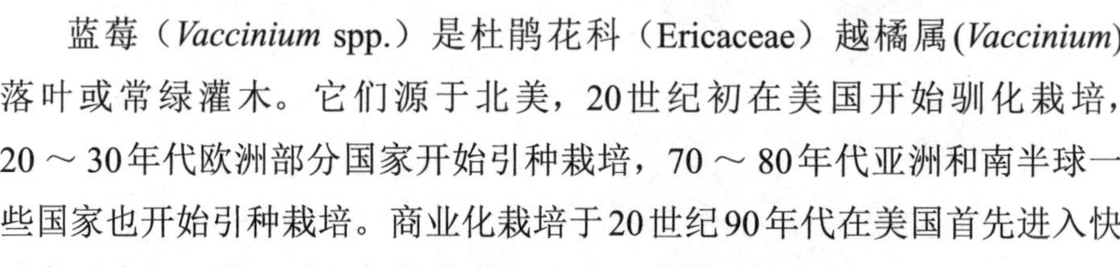

蓝莓（*Vaccinium* spp.）是杜鹃花科（Ericaceae）越橘属(*Vaccinium*)落叶或常绿灌木。它们源于北美，20世纪初在美国开始驯化栽培，20～30年代欧洲部分国家开始引种栽培，70～80年代亚洲和南半球一些国家也开始引种栽培。商业化栽培于20世纪90年代在美国首先进入快速发展阶段，到21世纪初期蓝莓已成为一个全球性果树。

一、中国蓝莓引种栽培概述

中国越橘属野生资源虽然较多，野生资源的利用也有较长的历史，但仅限于东北地区的笃斯越橘（*V. uliginosum*）和红豆越橘（*V. vitisidaea*），其果实被采摘作为制作果酱、果汁等的原料。

中国的蓝莓引种栽培始于20世纪80年代，最早由吉林农业大学和江苏省中国科学院植物研究所分别从北美洲及欧洲等地引入蓝莓品种，在北方和南方进行引种和栽培试验。21世纪初开始产业化种植，之后栽培面积快速增长，从东北到长江流域，再到西南地区均有种植。经过近20余年的发展，栽培技术有了较大提升，逐渐形成了露地栽培、保护地栽培以及全基质栽培等多种种植模式。全国蓝莓栽培面积至今已超过70万亩，总产量超过11万吨。

二、我国蓝莓种植业现状

总体看来，在我国蓝莓20余年商业化种植的过程中，产业发展经受了自然灾害、市场竞争、生产技术等方面的考验。产业发展中的一系列瓶颈问题，诸如：适生品种和地域的选择、壮苗繁育、优质高产栽培、初精加工技术、适合我国饮食习惯和保健行为的终端产品的开发等，都得到了有效的突破。无论是在露地栽培还是保护地栽培中，均成就了一批蓝莓农户、蓝莓庄园、规模大小不等的蓝莓中小企业和少数规模较大的龙头企业，一线技术队伍也初步壮大，部分区域（如云南澄江、江苏南京、辽宁丹东等）的种植户获得了较好的经济效益。其中优质高产的露地果园实测亩产可以达到1.7吨，折合每公顷25吨以上，且果实品质良好，已达到北美洲一流果园的水平；全基质保护地栽培更是可以达到2～3吨亩产量。但是在露地栽培中，优质高产的果园凤毛麟角，少之又少。由于发展的严重不平衡，有些种植园成为“食之无味、弃之可惜”的“鸡肋果园”，有的甚至已被淘汰，包括有些龙头企业在内。不依照科学发展规律的行为和实体逐渐被抛弃和淘汰出局，这也可以说是事物发展的必然。

为何“良莠悬殊”？究其原因，首先，栽培蓝莓是原产北美洲而后引种到中国的外来植物，是我国小果类果树中的“新对象”，对它的特性，我们需要有一个认识的过程，为蓝莓找到适宜的栽培生境也需要一个实践的过程，而且这还是一个各类蓝莓品种在各个不同生态区域里广泛试种的过程。蓝莓是一种多年生植物，它的经济寿命在正常情况下一般可达30年左右，甚至50年、60年或更长。因此，要深入认知蓝莓的特性，尤其是它生命周期的全过程，需要时间；而在新的生态环境条件下掌控其栽培技术的全过程，更不是一蹴而就的事。因而在早期发展阶段，由于大部分人对这个新引进物种的生态特点认识不够和重视程度不足，以及受鲜果高效益的诱惑，片面追求早熟、皮薄等品质，没有按照适地适树的农业生产规律盲目发展，同时，在种植管理上粗放栽培，偷工减料，建成的果园质量不达标，导致大部分种植园因品种选择不当以及管理不善而造成树势弱、产量低、经济寿命短等现象；其次，在栽培技术上，种植户原有的大果类果树栽培的传统理念和经验的惯性，也给我国蓝莓种植技术的推广造成了一定的不良影响。目前栽培技术方面的普遍性问题是：立地条件选择不当，忽视品种结构，开园粗糙，定植过深。

综上所述，目前我国蓝莓产业实际上还处于发展中的初级阶段，并未发展到成熟阶段，产区还未完全定型。这个发展过程的长度与我们能否以科学的态度来对待蓝莓产业的发展有关，如不能克服盲动性，这个过程将会延续得更长。

三、主要栽培区域特点

根据中国各地目前的实际生产发展情况，蓝莓栽培区域由北到南可以初步划分为：①以保护地栽培为特色的辽东半岛产区；②鲜食与加工兼顾的山东半岛产区；③加工与鲜食品种兼顾的长江流域产区；④以加工品种为主的贵州-四川产区；⑤以早熟鲜食品种为主的云南产区；⑥正在形成中的以鲜食为主的华南产区。其中后4个南方产区近几年发展势头强劲。各产区的生态环境特征不同，其相应的适宜品种也各异。

（一）辽东半岛产区

土壤以微酸性砂壤土为主，属温带大陆性季风气候区，雨热同季，日照充足，无霜期为160～180天。目前栽培模式包括露地、冷棚和温室栽培。

露地栽培品种包括矮丛蓝莓（*V. angustifolium*）‘美登’（‘Blomidon’）、北方高丛蓝莓品种‘蓝丰’（‘Bluecrop’）和‘公爵’（‘Duke’）等。鲜果采收期为7月初和8月下旬，可以认为是中国优质蓝莓鲜果晚熟生产区域。冬季与早春的冻害和干旱，是主要气候限制因子。即使在近海的地方，也因冻害而不能露地越冬，需埋土防寒。这种措施对幼树勉强可行，对成年植株有一定损伤，难以维持高产稳产。如果碰到冬、春季严重干旱的年份，枝条易发生干枯，俗称“抽条”，严重影响当年产量。另外，果实采收期如遇连绵阴雨天气，会影响果实品质。矮丛蓝莓抗寒性较强，丰产性较好。

针对露地栽培存在的这些问题，该产区正通过采取保护地栽培方式克服上述缺陷。由于该区域秋季进入低温时间较早，保护地栽培可以提早升温以解除休眠，同时春季光照充沛，适于蓝莓促成栽培。虽然这不失为一种战略性选择，但也会有一系列其他技术、生产设施问题和管理成本较高的问题需要解决。为了种植早熟品种以获得高价，保护地栽培的品种从几年前的5月初开始成熟的以‘蓝丰’（‘Bluecrop’）为主的北方高丛蓝莓品种，逐步替换成南方高丛蓝莓品种。前一年11月中旬升温，次年3月中下旬可以陆续成熟采收。但是，由于云南早熟鲜食蓝莓和山东设施栽培蓝莓的发展，以及南半球鲜食蓝莓进口逐年增加，该地区的蓝莓产业存在很大的竞争压力。

（二）山东半岛产区

该产区为典型暖温带季风气候区，土壤为微酸性至中性砂壤土，光照资源丰富，昼夜温差大，是中国著名的园艺大省，生态条件对很多果树都很合适。该地区年降水量在650 ～ 850毫米，约60%集中于夏季，且强度大，常出现暴雨，多年平均年蒸发量在1000 ～ 1200毫米之间，对露地栽培蓝莓来讲，年降水量偏少。灌溉用水常常以地下水为主，通常情况下水的供应在春、秋两季难以得到充分满足，水质和灌溉量都不够理想，空气湿度也经常太低，因此水分不足是该区露地栽培蓝莓最主要的限制因素。另外，除少数临近海岸的地方外，该区域蓝莓生长不仅在晚春季节时常有干热风的危害，同时在冬季和早春还有冻害和抽条的威胁。因此，目前该区域虽然仍有露地栽培，但已逐步转变为以暖棚和冷棚种植为主，棚内种植品种也由最初的北方高丛蓝莓品种转向更早熟的南方高丛蓝莓品种。暖棚早熟品种可以在3月中下旬上市。

（三）长江中下游产区

该产区大致上包括北起长江南岸，向南延伸到20℃年等温线一带。年降雨量一般高于1000毫米，湿润多雨，夏季高温。该区域酸性土面积大而土类多，其中强酸性的红壤和黄壤（pH4.5 ～ 5.5）是主要的土壤类型。红、黄壤酸性土类土壤黏重、肥力较低、有机质和全氮含量都不高，尤其是在适宜种植的低山丘陵地区，大部分土壤有机质含量在1%左右，因此需要通过相应措施改善土壤的透气性和增加土壤有机质含量，如何利用当地资源增加土壤有机质是一个需要长期研究的课题。

该区域最大的不利因素是夏季高温，极端最高气温普遍在40℃以上。随着全球气候变暖，该区域日最高气温大于等于35℃的天数也有所增加，大部分地区达到20天以上，部分地区达到30天左右。由于季风气候的影响，在夏、秋季既有大雨也有干旱，因此，通过排灌调节土壤水分是种好蓝莓的重要环节之一。另外，该区域部分品种果实成熟期恰逢梅雨季节，不仅影响果实品质，也影响果实采收，采用避雨栽培模式是必然的途径。在近海的区域还要防范台风的危害。

实践证明，大部分兔眼蓝莓对夏季高温的适应性较强，'灿烂'（'Brightwell'）盛产期亩产量可以达到1.5吨以上。就南方高丛蓝莓品种而言，目前推广品种中，仅野生性状相对较强的少数品种能够保持丰产稳产。

（四）贵州-四川产区

贵州和四川均位于中国西南部，以山地种植为主。

贵州夏季凉爽，冬无严寒，酸性土壤和多雨气候为蓝莓生长提供了有利的条件。该省为中国南方最早实现规模种植的省份之一。实践证明，只要选择种植在土壤相对疏松的砂质壤土上，兔眼蓝莓就会生长发育良好、健壮，5年生时单株可产果5～8千克。但是该省山多地少，以及因喀斯特（Karst）地质条件所带来的地下少水的可能性，均为该省蓝莓产业发展的不利条件。另外，多云雾的天气，日照较少，高原地带春季温度不稳定等也是影响蓝莓果实品质和产量的因素。

四川东部盆地土壤主要为微酸性紫色土和水稻土，比较黏重，土壤改良难度较大，在城市周围宜发展小面积观光旅游为主的采摘园。其他适合蓝莓种植地区以山地缓坡为主，土壤以酸性黄棕壤为主，也偏黏重，加上当地的交通问题，宜种植适应性广的加工品种。

（五）云南产区

云南地处低纬度高原，因受海拔和纬度的影响，各地气温差异很大，除少数地区外，日均温≥10℃的持续生长期，一般都在300天以上，许多地区终年无霜。该省2004年开始引种蓝莓，目前已成为中国有特殊影响力的鲜食蓝莓产区，鲜果基本可以达到周年供应。由于该产区夏季凉爽，昼夜温差大而且日照充足，在灌溉条件好的情况下，不仅可以实现高产稳产，而且果实糖度高、着色好、坚实，果皮比较厚而香味浓，品质高。

目前该产区最有特色的种植方式包括以红河州为主的全基质速成栽培和以玉溪澄江为主的两次结果露地栽培，该区已成为国内鲜果市场最具有竞争力的生产基地。

对于露地种植来讲，有些年份产量会受到持续倒春寒、晚霜和冰雹的影响；5～10月的雨季也影响中熟品种的品质和采收。

（六）华南产区

是一个正在形成中的产区，包括广东、福建、广西等省低山丘陵与河滩平原，在中国各产区中纬度最低。土壤呈酸性，大都为红壤类，质地偏黏，有机质含量不高，需加强土壤改良方可种植蓝莓。品种主要是南方高丛类。由于气温偏高，产区主要是围绕大、中城市周边发展，面向当地消费群体。

第二节 目前我国发展蓝莓种植业应注意的问题

自然环境的选择、适宜的品种配置和良好的栽培措施三方面有机结合是一切种植业成功的要素。蓝莓的自然分布区主要在北美洲温带和部分北亚热带森林中开阔的沼泽地和湿润的溪沟边，那里气候温和，热量丰富，水分充足，土壤疏松，通气性良好，土壤有机质含量高，但矿质营养相对较少。它是分布在退化森林生态系统中的物种。充分认识这个物种的生物学特性有助于更好地理解种好蓝莓所需的环境和技术措施。

本部分内容只涉及在自然生态条件下蓝莓的生长与发育，并且只讨论露地栽培条件下的选地问题。尽管现在露地栽培技术的发展很快，也常常使用一些临时性或阶段性的保护措施，但露地栽培基本上是开放地上的种植。

一、园地选择

园地选择包括发展区域、种植园立地条件和园址。生态条件的适宜性无疑是种植蓝莓的先决条件。首先要有发展区域的概念，在划定适宜发展区域的基础上，进一步选择种植园的立地条件。对于果树发展而言，尤其是小浆果类果树，除了适宜于果树生长发育外，还应该注意园区地理位置的交通条件，当地的社会、经济状况，人力资源的丰富程度，知识与技术储备和果树园艺的历史等。

1. 蓝莓的生态适应性

（1）温度　通常都以年平均温度、极端最高温与极端最低温为标准。实际上年平均温度往往没有限制意义，应该注意的是极端温度。蓝莓在没有保护的条件下一般只能抵抗−20℃左右的极端低温。它们在北美冬季−30℃甚至气温更低的地方生长，靠的是冬季较厚的积雪覆盖或埋土等防寒措施。在寒冷的地方，冬季冻害往往是与旱害相伴随而致害的。冻害的表现还往往滞后于它发生的时刻，也就是说发生了冻害，当时并未表现出症状，只有过了一段时间才显现出来。夏季过高的气温对蓝莓生长不利，一般最适宜区夏季平均气温在28℃左右。高温的危害也往往伴随着干旱，因此必须注意它们的综合影响。为了促进花芽分化，一般品种需要600～800小时的7.2℃以下的低温，大部分南方高从蓝莓品种只需300小时左右，最近培育出了需冷量几乎为零的南方高从蓝莓品种。

（2）水分　充足的水分是蓝莓生长必备的条件。在我国东南部，年降雨量一般不构成限制因素，主要是旱季需要灌溉，要有足够的、合格的灌溉用水才能达到优质丰产。一般灌溉水不能偏碱性，电导率应低于450微西/厘米，不能含有过多的矿质元素，尤其是钠离子不能超过46×10^{-6}毫克/升（Ireland等，2006）。对于主要用地下水灌溉的地方，需要提前检测水质。

（3）光照　充足的光照有利于蓝莓花芽分化和果实发育，但过于强烈的光照也会对叶片造成明显的损伤。

（4）土壤　疏松、透气、富含有机质（3%～10%）、pH5.5以下是理想的蓝莓栽培土壤条件。

（5）矿质营养　与其他果树（如苹果、柑橘等）相比，蓝莓对矿质养分的需求较低。尽管如此，在大多数情况下，商业化果园通常需要定期施肥，避免营养缺乏或过剩对产量和果实品质产生不利影响。尤其是幼树对于矿质养分缺乏、过量都十分敏感。

2. 选地时应注意的问题

在明确了大区域的前提下，种植地段的选择仍然十分重要。立地条件的优劣对栽培的成效，包括经济效益的高低和成败，都具有决定性意义。当前在选地问题上，由于急于发展的热情，难免在选地时出现某些忽视和草率，经常发生的问题是：土壤的酸度不够、水源不足、气候干燥、风力过强，在南方还常常出现土壤过于黏重等等。不能抱有“自然条件的不足，可以用人为的栽培措施来调整和补救”的思想。靠栽培技术来弥补先天立地条件的缺陷，不仅效果不明显，而且很难做到，投入的代价会远远高于优良土地的土地租赁费用，在经济上是不可取的。

水源充足，地下水位在1米以下的平地、旱地、缓坡地；土质相对疏松，有机质含量较高，pH在5.5以下，没有特殊污染的土壤；阳光充足，地势开阔，没有过强的风力，都是较为适宜的环境。注意要避免选择因冷空气下沉易导致冻害的洼地、地下水位高而排水不良的湿地。

二、适宜的品种配置

栽培蓝莓包括较多的类群，如矮丛蓝莓、半高丛蓝莓、北方高丛蓝莓、南方高丛蓝莓和兔眼蓝莓等，而每个类群又包含许多品种，它们对气候条件、土壤条件的要求不同。各地区必须全面考虑品种特性，综合各方面的优缺点，选用适合当地自然条件的类群和品种。正确选择类群和品种可以在基本相同的自然条件和相同的成本投入下，依靠品种的优势获得较高的产量，靠生物物种固有特征的潜力创造较大的经济效益，这是最明智的利用品种资源、利用生物多样性的办法。要获得优质、丰产、稳产就必须在品种选择上做出科学的决策。

适应性、产量和品质是选择种类和品种的三个重要方面。适应性包括对综合环境条件的反应，以及对极端条件的抗性，如抗旱、抗寒、抗晚霜，还有对病虫害的相对抵抗能力等。产量方面不仅要注意每年的产量，还应考虑其连年丰产的特性。在品质方面，除了果实的风味、外观、大小等外，对蓝莓而言更要注意果实的贮藏性。在强调鲜食口感而要求果皮薄时，不能忽视果皮薄的品种往往不耐贮运。所以，这三方面既是相对独立的，也是彼此联系的，应综合考虑，不可偏颇。在三方面都相当的情况下，应优先考虑适应性。如果不能抵御自然环境中的极端条件，植株无法健康生长，其他优点也都将无法体现。其次，才应关注产量和质量。尤其是对于质量，应有辩证的观点。如果过分片面地追求品质，无论是从生产的稳定性，还是效益的获得、风险的回避等方面来说都是不可取的。特别是蓝莓这类新引进和发展起来的果树，由于缺乏足够的栽培历史和经验，更应借鉴实际引种的结果。

栽培蓝莓由于其对温度和水分的要求，种植区域基本上只分布在我国东部较湿润的地区，各类品种在我国的分布状况由北至南随气温的变化而不同。由于我国栽培蓝莓的年代不长，又缺少系统的品种区域性试验，所以，目前只能从生产实践中总结经验。东北地区的中部以北，主要是矮丛蓝莓和半高丛蓝莓，如‘美登’（‘Blomidon’），‘北陆’（‘Northland’）等，在东北的南部也有北方高丛蓝莓品种和少量南方高丛蓝莓品种分布。现在山东地区种植的包括半高丛蓝莓‘北陆’（‘Northland’）、北方高丛蓝莓和南方高丛蓝莓的一些品种，如‘蓝丰’（‘Bluecrop’）、‘公爵’（‘Duke’）、‘喜来’（‘Sierra’）等。从近年来冬、春出现的冻害和晚霜危害的情况看，在北方种植的两个主栽品种相比较，‘北陆’（‘Northland’）比‘蓝丰’（‘Bluecrop’）抗寒。在长江流域及其以南地区，兔眼蓝莓的适应性明显高于其他类型的品种。长江流域及其以南地区主要是兔眼蓝莓，如‘园蓝’（‘GardenBlue’）、‘粉蓝’（‘Powderblue’）、‘梯芙蓝’（‘Tifblue’）、‘灿烂’（‘Brightwell’）、‘顶峰’（‘Climax’）、‘杰兔’（‘Premier’）和‘巴尔德温’（‘Baldwin’）等，其中最受欢迎的是‘灿烂’（‘Brightwell’）。‘园蓝’（‘GardenBlue’）果实虽较小但适应性很强，果实花青素含量高，口感更甜，有其独特的优势。也有少量的北方高丛蓝莓和南方高丛蓝莓品种，如‘公爵’（‘Duke’）、‘奥尼尔’（‘O’ Neal’）和‘密斯梯’（‘Misty’）等。南方高丛蓝莓一直是长江流域及其以南地区栽培中受欢迎的品种，但目前从引进品种中还无法肯定哪些是适宜于大面积发展的对象。国内选育出了‘蓝美1号’（‘Lanmei 1’）南方高丛蓝莓品种，其适应性强、丰产、果实风味好。由于果实偏小，目前主要以加工为主，但是因其具有较强的野果风味，作为鲜果销售也有较好的潜力。

三、良好的栽培措施

就当前我国蓝莓产业化阶段而言，栽培技术主要是开园种植与幼龄果园的栽培技术问题。分别论述如下：

1. 开园整地

种植前全面耕翻园地，所谓“三耕三耙”是必要的。我国南方土壤普遍黏重，更要认真做到位。清除园地内的一切杂草、杂灌和树桩。沟渠、畦面要平整，以便于排灌与管理。地面坡度大于10°时，应分层作成梯田。坡度大于15°时不宜大面积种植。当前常见的问题是匆忙起步，草率建园，赶时完成，结果是缺点不少，东修西补，花钱、费时、费工更多，得不偿失，效果不如一步到位。

2. 土壤改良

蓝莓要求疏松透气的酸性土壤。土壤pH在5.5～6.5时，可加入硫黄粉降低pH值。如土壤pH值过高则不应种植。因为土壤胶体的缓冲性很大，土壤pH值过高时仅用硫黄粉调节pH值，容易发生反弹。另外，从生产成本上考虑可能也不划算。我国酸性土地区，土壤有机质含量普遍偏低，通常在1%左右，甚至更低。因此，需要尽可能多地掺入有机质，通常掺入草炭和有机肥或含植物茎、叶的腐殖质土。为了增加土壤的通气性还可加入珍珠岩等。各类改良物质的用量视土壤的黏重与板结程度而定。蓝莓种植成功与否，土壤改良是基础，如不到位，后患难以弥补。土壤改良的投入，在原产地美国也占种植成本的很大部分。

3. 优质种苗

种植必须采用优质合格的苗木。2年生或3年生的苗木，主干地面直径大于1.2厘米，苗高0.8米以上，有3个或更多的分支，根系发育良好，生长健壮无病虫，品种明确可靠，才是合格的苗木。在产业发展的初期由于苗价较高，而且求苗不易，往往忽视了对苗木质量的要求。质量不合格的低价弱苗、小苗，品种不明确或伪造名目的杂苗，滥竽充数，结果会带来长期的负面后效应，因小失大。

4. 精细定植

蓝莓的根呈纤维状，无根毛，根的生长对氧气的需求较高，因而一般情况下根系分布较浅，主要集中在20厘米的土层中，原则上不宜深栽，栽苗深度稍高于苗木在苗圃或容器中的深度即可，大约0.5～1厘米。由于根系纤细，因此压实根系周围土壤时，用力要得当，不可过重，切忌踩实。苗木出圃时根系一般都长成结实的一团，定植时要注意将根系适当分散。尤其是采用盆钵苗定植时，更要注意破除原来沿盆壁形成的“根壁”，否则根系不易快速恢复生长，还会产生根系只能在随苗带来的土团内生长的现象，难于进入定植地的土壤，甚至发生脱空的现象。

这种现象在定植地土壤黏重，土壤改良不够好时尤为严重。因此定植时必须细心，严格把关，主要应掌握好定植的深度、压实的程度和根系的分散度。

5. 加强覆盖

定植后要及时浇定根水，最好是随种随灌，首次灌水必须灌透。要防止成片定植完毕后，再统一灌水，甚至次日灌水。及时浇水是保证成活率的关键手段。覆盖是幼龄蓝莓果园不可缺少的有效措施，用松针、作物秸秆、发酵过的植物枝叶等有机物覆盖。覆盖的量要充足，一般要求5～10厘米厚，尽可能采取整个畦面覆盖；如果物料不够，也可以先覆盖植株的树盘，以后逐年增加。在这类有机物数量不足时可以用防草布覆盖。

6. 防治病虫

定植的幼龄蓝莓植株，易遭地下害虫为害，须勤查防治。在虫害多的地区，要在定植穴内用药。

第三节 中国蓝莓产业的机遇、挑战和前景

一、蓝莓消费市场在逐步扩大

在全世界范围内，蓝莓种植业仍是一个相对较新的产业。得益于该水果的营养保健价值，供应量逐年增加，全球消费量也在持续增长。美国是蓝莓的原产地，也是全球最大的蓝莓进口国。从20世纪80年代到2010年，美国人均蓝莓消费量由每年每人50克增长到2010年的500克，增加了十倍；而在最近的10年间，美国蓝莓平均消费量又增加了1倍。

近十年欧盟的蓝莓消费量也成倍增长。据IBO统计，2019年美国本国生产蓝莓16.8万吨，进口达26.2万吨。

随着收入的持续增加，消费能力增强，作为一个具有多种用途和营养保健功能的新型果品，蓝莓在我国也展现出了巨大的国内市场潜力。虽然我国近十年蓝莓产业发展较快，蓝莓进口量还在逐年增加，2016年进口已达8000余吨，较2000年增长约45倍。国内巨大的市场需求也吸引了美国、澳大利亚、智利、英国等国的国际浆果公司到中国投资种植鲜食蓝莓。这也从侧面反映了投资者对我国蓝莓市场的看好。

2020年的新冠疫情也促进了蓝莓消费，特别是冷冻蓝莓的消费。美国Highbush蓝莓委员会主席Kasey Cronquist在2020年9月说："特殊情况发生之前，蓝莓的需求略高于平均水平。不过，在过去六到八周内，我们看到了消费者行为的一些重大变化。由于当前情况，新鲜蓝莓的需求有所增加，尽管在最初的峰值之后有所下降。但是对于冷冻蓝莓，我们已经看到需求上升并且保持强劲，比特殊情况爆发前要高得多。"

随着社会的进步，人类更加注意自身食物构成对自身健康的影响，营养价值更高、能够提升身体免疫力的果品将更受消费者青睐。

二、鲜果市场国际化竞争加剧

蓝莓在发展之初，即有跨国企业进行规模种植，最近十余年的品种培育也已主要由专业企业推出，最有前景的品种通常需要交专利费。跨国公司注重品质，垄断品种，已形成了获得市场认可、可以影响市场价格的品牌。

蓝莓种植过去集中于北美，近十年已形成北美、南半球、欧洲和东亚等4个区域的多元发展格局。在拉丁美洲，目前智利是市场领导者，但秘鲁有可能在未来两年成为世界上最大的蓝莓出口国。南、北两半球齐头并进发展的互补与竞争，其机遇和挑战性，将更引起人们的关注。

现阶段全球蓝莓种植面积发展迅速，但还没有实现足量供应，尽管如此，大部分国家蓝莓价格已大幅度下跌。如南非最低水平出现在2019

年12月，为每千克1.48欧元，四年前的最低价格是每千克12.70欧元；西班牙2019年4月和5月的蓝莓价格降至历史最低水平，甚至无法收回生产成本；美国蓝莓的价格在2019年12月，价格低于盈亏平衡点，与2018年市场出现高价时完全相反，目前已上升到正常水平；中国2020年第一季度受新冠疫情影响，平均鲜果价格下降了15%，目前也已回到正常水平。虽然鲜果销售的黄金时期已经过去，但是价格回归正常后，市场应该有相当大的潜力。

早期蓝莓生产人工成本占到60%，我国还有一定的成本优势。最近十余年来，随着我国人工成本的快速增长，以及国外机械化采收和分选技术的提升，蓝莓在我国的生产成本与大部分国家相比已经不具优势甚至还略高。因此，在发展蓝莓生产时，不仅要考虑技术问题，还需要进行经济效益的预测。邓秀新院士提出了一个果树种植供需平衡点的经验公式，即果园门口价等于综合成本乘以2时，就是供需平衡点。这里的果园门口价指的是基地的收购价，综合成本乘以2后，高于这个价格说明供大于求，低于这个价格说明供小于求。不能以销售终端的销售价格来计算果园收入。

蓝莓这类小浆果类果树的特点是越成熟风味越佳，从田头到消费者手中的时间越短越能保证其口感，所以鲜食蓝莓在离市场越近的地方发展，在果实品质上越有优势。目前我国蓝莓鲜果市场的竞争主要来自南半球一些生产国。事实证明国内一些果园生产的高品质蓝莓鲜果更受欢迎，这也是跨国公司到中国发展蓝莓的原因之一。

三、我国发展鲜果应注意事项

前面已经提到，中国蓝莓进口量逐年增加，市场空间较大。在中国种植蓝莓，靠近市场，对于蓝莓这类不耐贮运的果树，种植者是有一定优势的。提高单产以降低成本是首先需要重视和改进的地方，包括品种的选择、种植技术的提高等，前面已有论述。目前我国大部分种植基地所实施的技术与国际上蓝莓园采用的各项技术（如地表覆盖、行间种草、升温催熟、雨季防雨、冬季防冻、早春防霜、土壤增施有机质、严格调整酸度、防虫、防病、防鸟措施等）相去甚远。这样的果园其产品不可能与国际上的产品相抗衡。尤其是安全生产配套栽培技术的不完善，使我们国家生产的果实达不到国外市场的要求，从而使产品在国际市场上价格低，也容易受到未来出口贸易中绿色壁垒等的制约。

蓝莓果实品质受天气和物流条件影响很大，采收、仓贮以及冷链物流技术不到位和流程管控不严谨是我国蓝莓贸易中普遍存在的问题。为了最好地保持蓝莓果实品质，最佳采后处理方式为在采收后一个小时内将蓝莓送入包装车间和预冷库中，并在另一小时内降至低温，最终贮藏温度通常为3～5℃。此后，在此温度下对蓝莓进行包装，然后将其存放入冷库，并从那里开始发货。蓝莓从采收、包装到贮运的整个过程，温度只能下降，不能上升。整个过程每个细节都要到位，才能达到高品质果品要求。

四、加工增效，促进产业发展

由于蓝莓鲜果的价格优势，无论是品种选育、栽培技术和市场开发，目前几乎所有发展蓝莓的国家均将注意力集中在发展鲜果上。但是，作为易腐烂的小果品种，加工业的发展为蓝莓开辟了更广阔的应用空间和消费市场。蓝莓果实中的果胶物质含量较高，易于加工。目前主要的加工产品包括直接食用的冻果、果酱、果汁、果干、果酒等，以及含有这几种形式添加物的各种加工产品，如糕点、馅饼、酸奶、冰淇淋等。据美国蓝莓协会统计，已有上千种加工产品中含有蓝莓或其制品。由于蓝莓相对稳定的天然蓝紫色、独特的果香味以及保健功效，无论是国外市场还是国内市场，由真正优质蓝莓原料制成的加工产品均为高档产品。

在蓝莓产品中，真正具有保健功效的是高花青素含量的果实提取物。半个多世纪以来，研究所证实的蓝莓独特而珍贵的保健价值，是用一种叫做“欧洲黑果越橘”（*V. myrtillus*）的野生蓝莓为原料开展相关研究的，它的花青素不仅质优，且其含量是现在市场商品的5～10倍。然而，目前人们栽培的几乎所有的蓝莓品种由于花青素的含量或组成问题，并不适宜用来提取花青素。令人欣慰的是，我国在广泛引种栽培的基础上，已选育出对我国黏重土壤和夏季高温生态适应性强，果实花青素含量符合工业化提取要求的品种。随着新品种的推广应用，把蓝莓从高级水果真正提升到保健食品的地位，将使我国蓝莓产业具有更强大的生命力，取得更大的经济效益。

“产业兴旺，生态宜居”是党的十九大提出的乡村振兴战略总要求，随着社会经济的快速发展，人口老龄化，关注全民大健康已成为国家战略，发展蓝莓产业则是实施这一战略、助推健康中国行动的重要举措之一，这也迎来了我国蓝莓产业发展的新机遇。

第二章

蓝莓生物学特性

第一节

植株形态特征

一、植株

兔眼蓝莓（图2-1）、高丛蓝莓（图2-2）和半高丛蓝莓树体一般由多个主枝构成灌丛型树冠，有的品种可产生萌蘖，但只能形成小群体。在生长正常情况下，成年兔眼蓝莓树高为1.5 ～ 3米，高丛蓝莓树高1 ～ 3米，半高丛蓝莓树高70 ～ 120厘米。

图2-1 兔眼蓝莓树形，品种‘Climax’

图2-2 高丛蓝莓树形，品种‘Aurora’

二、叶

单叶互生，多数品种落叶，少数南方品种常绿。矮丛蓝莓叶片长度为0.7～3.5厘米，高丛蓝莓叶片长度可达8厘米。二倍体的矮丛蓝莓和高丛蓝莓的叶片通常较四倍体的小。矮丛蓝莓叶片常为狭椭圆形；高丛蓝莓叶片多为阔椭圆形或卵圆形，叶缘锯齿细浅偏圆；兔眼蓝莓叶片为匙形至匙状倒卵形，叶缘锯齿细长较深（图2-3）。叶面呈深绿色、灰绿色或亮绿色。兔眼蓝莓和高丛蓝莓叶背有茸毛，而矮丛蓝莓叶背很少有茸毛。

图2-3 蓝莓叶片形态

三、花

绝大多数蓝莓品种为总状花序，多腋生，有时顶生（图2-4）。花为两性花，萼筒与子房合生，花冠坛状、柱状或钟状，4 ～ 5浅裂，白色、乳黄色或粉红色，雄蕊8或10，嵌入花冠基部围绕花柱生长，雄蕊短于花冠而柱头突出花冠外，子房下位，4 ～ 10室，每室有胚珠1枚至多枚（图2-5）。

图2-4 高丛蓝莓花序

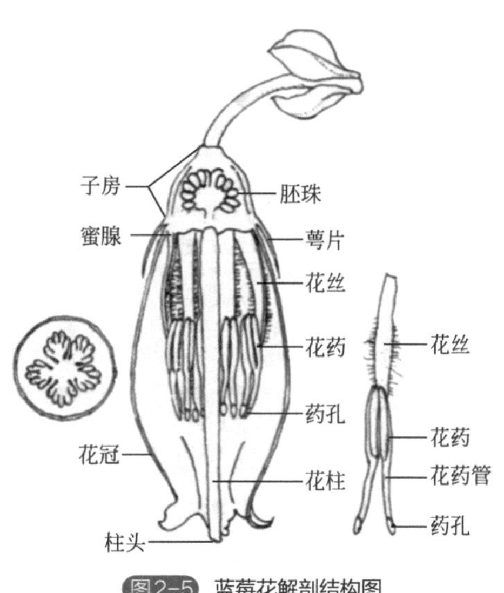

图2-5 蓝莓花解剖结构图
（引自Gough，1994）

四、果实

蓝莓果实为浆果，果有宿萼，大小、颜色因种类和品种而异（图2-6，图2-7）。果实直径0.5 ～ 2.5厘米，果重0.5 ～ 4克。果实形状有扁圆形、长圆形、卵形、梨形或近圆形。果色蓝黑或暗紫，许多栽培品种因有较厚的蜡质层而呈蓝色或浅蓝色。

图2-6 兔眼蓝莓果枝

图2-7 南方高丛蓝莓果枝

五、种子

通常果实中只有一小部分胚珠会发育形成种子。发育成熟的蓝莓种子一般呈紫红色、棕色或浅黄色，长圆形或长卵形，长1.3～2.0毫米，千粒重0.3～0.5克（图2-8）。研究发现高丛蓝莓品种每个果实约有16～74粒种子，兔眼蓝莓每个果实有38～82粒种子（Darrow，1958）。不同蓝莓品种的种子萌芽特性存在较大差异，种子开始萌芽时间从14天至55天不等，南方高丛蓝莓种子萌发率超过60%，明显高于其余类型（刘肖等，2012；乌凤章，2013）。

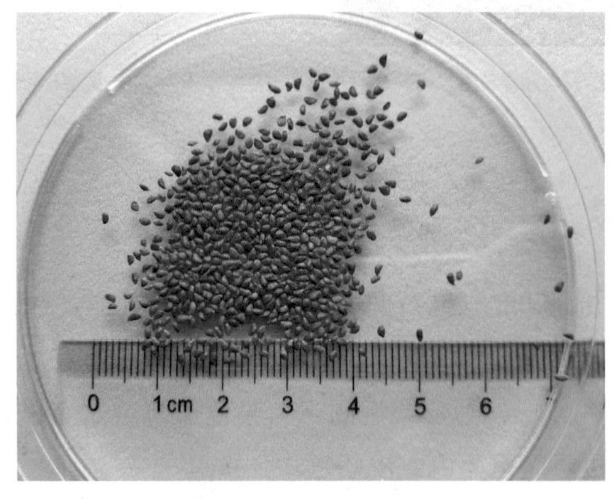

图2-8 南方高丛蓝莓种子

六、根和根茎

蓝莓为浅根系植物，根系不发达，粗壮的根少，纤细的根多，呈纤维状，无根毛而有内生菌根（图2-9）。矮丛蓝莓的根大部分是由根茎蔓延而形成的不定根。幼嫩的根状茎粉红色，上有褐色的叶鳞；老的根状茎呈深褐色并木栓化。根状茎分枝力强，在0.6～2.5厘米土层中纵横交错成网状结构。

侧视图

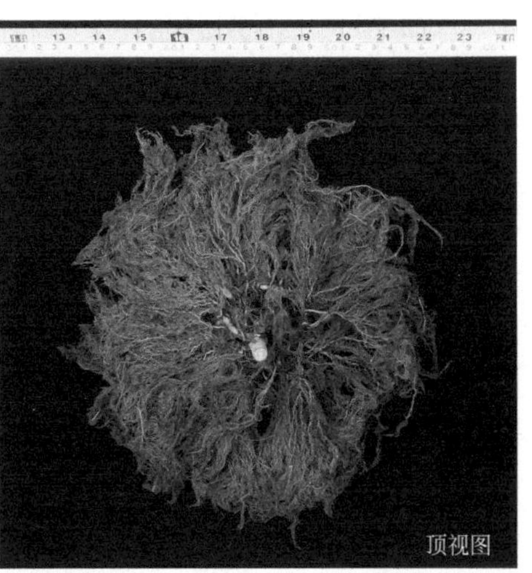
顶视图

图2-9 蓝莓根系

第二节 蓝莓生长结果习性

一、生命周期

在露地栽培条件下，兔眼蓝莓和高丛蓝莓通常在定植后第3年开始有经济产量，第5～7年进入盛果期。在栽培管理措施得当的情况下，盛果期可长达30年以上。矮丛蓝莓根茎寿命可达300年，地上部寿命约30年。在自然更新状况下，前2年为营养生长期，第3年开始结果，之后进入盛果期，从第7年开始，生长势开始衰弱。大多数矮丛蓝莓的经营方式是以2年为1个周期，实行焚烧更新。

二、年生长周期

蓝莓年生长周期因品种类型和区域气候条件而异。以我国南京地区的兔眼蓝莓为例：在露地栽培条件下，3月上旬芽萌动；3月中旬至下旬展叶期；4月初至5月中旬为春梢生长期；4月上旬始花，4月中旬为盛花期，终花期在4月下旬；5月初至6月上旬为绿果期；6月中旬果实转色，果实始熟期在6月下旬，7月上旬至下旬果实大量成熟，果实终熟期在8月上旬至中旬；8月下旬至10月下旬为秋梢生长期；11月中下旬至12月中旬为彩叶期（图2-10）；12月下旬至2月上旬为落叶休眠期，有些品种呈半常绿状态。

萌动期　始花期　盛花期　绿果期

始熟期　盛熟期　秋梢生长期　彩叶期

图2-10 兔眼蓝莓物候期

三、枝条生长

正常情况下，多数品种在一个生长季节里（1年里）枝条的发生（抽生）有2次高峰：一次在春季至夏初（通常称春梢），一次在夏末（秋梢）。春季开花的同时，叶芽萌发抽生新梢，新梢伸长生长到一定长度便停止生长，顶端最后一个细尖的幼叶，未见发育即变黑色。通常把这种枝顶败育叫做“黑尖”（图2-11）。黑尖期大约维持2周，黑尖脱落后留下一个黑色的痕迹，即“黑点”。黑尖脱落2～5周后，位于黑尖下的叶芽重新萌发，长出新枝，即为枝条的转轴生长（图2-12）。只要温、光条件适宜，1年内可以多次出现这种转轴生长，即多次抽生新梢。

图2-11 新梢顶端的黑尖

图2-12 枝条转轴生长

四、花芽分化及开花习性

一般在夏末抽生的最后1次新梢上，紧挨黑点的一个芽原始体逐渐增大发育成花芽，有时第1次生长停止后顶芽便形成花芽，从枝条顶端开始，以向基的方式进行分化。花芽明显膨大呈卵圆形，其下面的叶芽呈狭长状，易与花芽区分（图2-13）。每一个枝条上分化的花芽数因品种及枝条粗壮度不同而异。通常高丛蓝莓可分化5～7个花芽，多的可达15～20个。在兔眼蓝莓品种‘灿烂’（‘Brightwell’）的单个结果枝上，有时可以形成40个以上花芽，一般粗壮的枝条可形成10个以上的花芽。花芽数量过多的粗壮枝不宜保留全部花芽，否则果实品质和枝条的长势

图2-13 花芽和叶芽

均会受到影响。

花芽在节上通常是单生，偶尔会有复芽（图2-14）。高丛蓝莓和兔眼蓝莓花芽内单朵花的分化以向顶方式进行，花序梗不断向前分化出新的侧生分生组织。矮丛蓝莓是在花序梗轴不发育以后，先是近侧的花原基同时分化，然后是远侧的花原基分化。近侧的分生组织变扁平并出现萼片原基以后，接着花器官的其他部分向心分化。

蓝莓的花芽分化为光周期敏感型，花芽在短日照（12小时以下）条件下分化。不同种类所需光周期时数不同，矮丛蓝莓花芽分化需要为期

图2-14 蓝莓果枝上的复芽

6周的短于12小时光周期日照时数，北方高丛蓝莓一般需要8周8～12小时光周期日照时数，秋季6周8小时光周期日照时数可促进兔眼蓝莓花芽分化，8周8小时光周期日照时数有利于南方高丛蓝莓花芽分化。叶片保存状况对花芽分化也有影响，如果在秋季花芽分化期枝条叶片已经全部脱落，则不能形成花芽；如果部分落叶，则花芽只形成在有叶的节上，所以必须重视保叶，才有可能保产。

温度对蓝莓花芽分化及后续发育进程有较大影响。研究发现花芽分化期温度为28℃时，南方高丛蓝莓植株分化的花芽数量较21℃时少，而且较高温度下形成的花芽处于类似休眠状态（不膨大）或是易脱落。也就是说高温不仅抑制花芽分化，而且影响已分化花芽的生长发育，最终导致花朵无法开放（Spann等，2004）。

花芽从萌动到盛开需要1个月左右，花期约15天。在一个枝条上开花的次序与花芽分化的次序相同，先端先开（图2-15），而在一个花序内是基部先开（图2-16）。一般需在开花后2～6天内完成授粉，否则很难坐果。蓝莓花为虫媒花，需要野蜂或家蜂等昆虫帮助授粉（图2-17）。大部分高丛蓝莓品种自交可孕，但品种间授粉可提高结实率并使果实增大，因此生产上常将花期相同的两个品种间行种植。兔眼蓝莓品种一般自交不孕，生产上常采用两个或两个以上相同花期的品种搭配栽植。

图2-15 蓝莓花枝上不同花序开花顺序

图2-16 蓝莓花序中不同部位花朵开花顺序

图2-17 蜜蜂帮助蓝莓花授粉

在我国南方地区，有些蓝莓品种易出现二次开花或多次开花的现象（图2-18）。在露地栽培条件下，二次开花的果实很难发育成熟并最终形成产量。这种无效二次开花或多次开花的现象，严重影响植株下一年果实的产量和品质。可通过夏季采果后适度回缩，秋季对新生强壮侧枝摘心，抑制秋梢生长，以降低二次开花对来年产量的影响。而在设施栽培条件下，通过采取加温措施，保持棚内一定温度，可最终形成一定产量。

图2-18 南方地区蓝莓秋季二次开花现象

五、结果习性

蓝莓果实一般在开花后2～3个月成熟，一个花序中通常是上部的果实先于中下部的成熟。果实发育呈双S曲线（图2-19）。花受精后，子房迅速膨大，大约1个月后，幼果增大趋于停止，此后的1个月，浆果保持绿色，仅体积稍有增长。随着果皮和皮下组织层中色素含量的增多，果实进入变色期，果色出现浅红色，以后逐渐加深，直到最后达到固有的颜色（图2-20），在此阶段内，果实的体积再次迅速增大，直径可增加50%左右，果实大小能再增加20%，色泽和可溶性固形物含量还会上升，甜度和风味进一步提高。蓝莓果实色泽深浅和成熟度并不一定完全吻合，有的品种果实外观虽然已经完全呈现出成熟的色泽，而实际上食用品质并未达到最佳。因此，为了获得最佳风味的果实，在果实转蓝后应让其在树上保留3～5天后再进行采收。

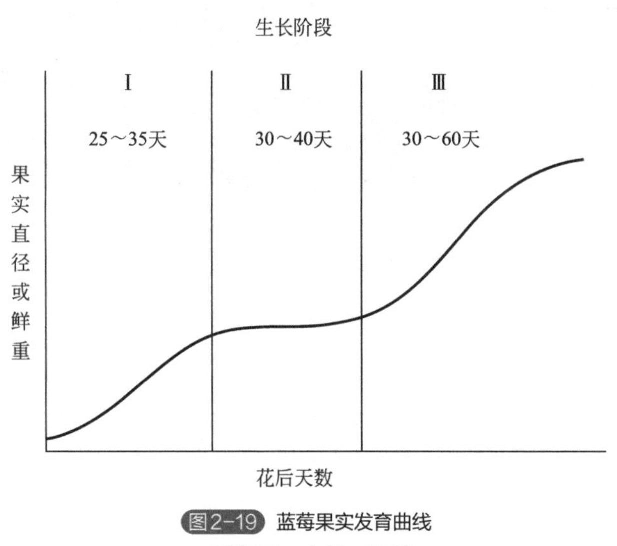

图2-19 蓝莓果实发育曲线

（引自Edwards等，1970）

不同种类蓝莓果实发育期不同。北方高丛蓝莓果实发育期42～90天；南方高丛蓝莓果实发育期55～60天；矮丛蓝莓果实发育期70～90天；兔眼蓝莓果实发育期60～135天。果实成熟期也有较大差异。在我国长江流域产区成熟期最早的是南方高丛蓝莓，成熟期在5月至6月初；

图2-20 蓝莓果实主要物候期

其次是兔眼蓝莓，在6月初至8月中果实成熟。我国北方地区露地栽培的北方高丛蓝莓果实成熟期在6月初到8月底。

果实大小与枝条的生长势等有关。壮实的枝条上所结果实较大，营养和风味也较好，而弱小枝上的果实则较小，品质也较差；靠近枝条基部的果实比距基部远的果实大；同一品种成熟较早的果实较大。果实大小与种子数呈正相关，大果实不仅比小果实的种子总数多，而且有效种子数也多得多。每个果实中种子数量根据品种和果实大小可以从几粒到几十粒不等。在育种上希望培育果大而种子少的品种。

蓝莓果实的生长发育还受光照、温度及水分等环境条件影响。

Alders等（1969）发现光照强度下降矮丛蓝莓果实成熟推迟。兔眼蓝莓植株树冠顶部的果实（处于全日照条件下）较其他部位的成熟早（Patten等，1989）。研究结果显示，与在凉爽气温条件下（8～24℃）生长的北方高丛蓝莓植株相比较，在温暖的温室条件下（16～27℃）生长的植株果实变大，果实发育期缩短（Knight等，1964）。而Williamson等（1995）发现，较高夜间温度下（21℃）的兔眼蓝莓果实比较低夜间温度下（10℃）的小，较高白天温度下（29℃）的果实大小也低于较低白天温度下（26℃）的。说明在较高温度下兔眼蓝莓果实生长发育在一定程度上受到抑制。灌溉条件下(土壤含水量20%～33%)的5年生兔眼蓝莓平均单果重大于不灌溉条件(土壤含水量12%～20%)(Andersen等,1979)。灌溉条件下的矮丛蓝莓‘Brunswick’和‘Fundy’较不灌溉条件下产生更多大果（果径＞12毫米），而小果（果径＜10毫米）减少。灌溉小区的大果率为40%～50%，而不灌溉（对照）小区的大果率仅为28%～35%（Hicklenton等，2000）。在果实生长或成熟期的干旱胁迫降低了平均单果重，但对果实数量没有影响（Mingeau等，2001）。淹水严重影响蓝莓花芽分化及果实的生长发育。淹水条件下北方高丛蓝莓植株花芽量较不淹水植株的少，开花推迟，坐果率下降45%，单果重也显著降低（Abbott等，1987）。淹水对兔眼蓝莓的影响与对北方高丛蓝莓的相似。

六、根系生长特性

蓝莓根系一般水平分布范围在树冠投影区域内，深度30～45厘米（图2-21）。根系分布情况与树龄和土壤状况有关。成年高丛蓝莓和兔眼蓝莓根的垂直分布有时可达80厘米深。在黏重土壤中根系分布范围较窄，而在沙质土壤中分布范围较广。在1个生长季节内，蓝莓根系随土温变化有2次生长高峰，第一次出现在6月初，第二次在9月。在土温为14～18℃时，根系生长最快；土温低于8℃时，根系生长几乎停止。

图2-21 蓝莓植株根系分布

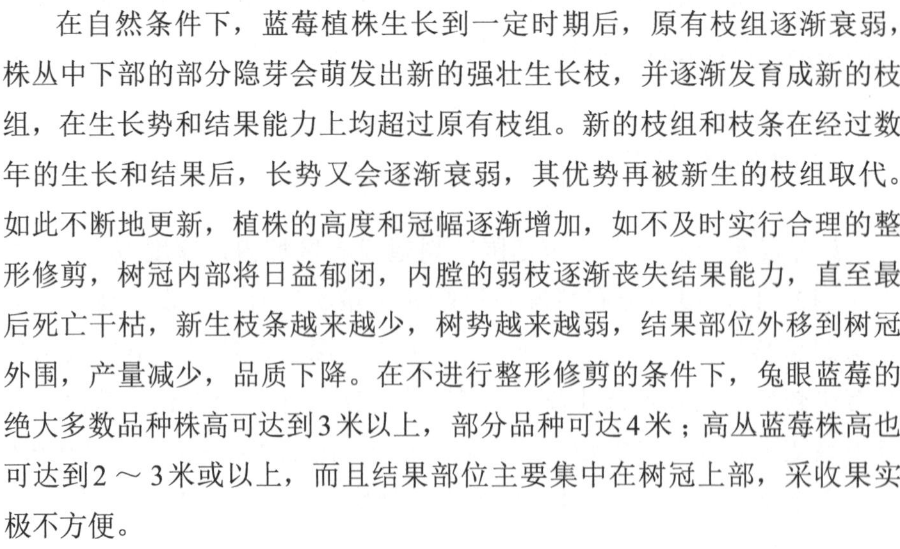

第三节 蓝莓树体生长发育特点

在自然条件下，蓝莓植株生长到一定时期后，原有枝组逐渐衰弱，株丛中下部的部分隐芽会萌发出新的强壮生长枝，并逐渐发育成新的枝组，在生长势和结果能力上均超过原有枝组。新的枝组和枝条在经过数年的生长和结果后，长势又会逐渐衰弱，其优势再被新生的枝组取代。如此不断地更新，植株的高度和冠幅逐渐增加，如不及时实行合理的整形修剪，树冠内部将日益郁闭，内膛的弱枝逐渐丧失结果能力，直至最后死亡干枯，新生枝条越来越少，树势越来越弱，结果部位外移到树冠外围，产量减少，品质下降。在不进行整形修剪的条件下，兔眼蓝莓的绝大多数品种株高可达到3米以上，部分品种可达4米；高丛蓝莓株高也可达到2～3米或以上，而且结果部位主要集中在树冠上部，采收果实极不方便。

第三章

蓝莓优良品种介绍

第一节 蓝莓育种概况

20世纪初美国育种学家开始利用野生越橘属资源开展蓝莓新品种选育研究，初期以实生选育为主，20世纪30年代后，进行了广泛的杂交育种，陆续推出大量蓝莓新品种并大规模种植（Hancock，2006）。目前，世界范围内从事蓝莓育种工作的国家主要包括美国、新西兰、澳大利亚、加拿大、日本等，推出的新品种数量与日俱增。在2002～2016年间美国共培育蓝莓新品种217个、新西兰20个、澳大利亚6个、加拿大2个和日本6个(Gasic等，2016)。常规的杂交育种是蓝莓品种选育的最重要方法，目前还普遍应用了远缘杂交技术，近年来分子标记辅助育种技术在蓝莓育种中也得到了应用，加速了蓝莓育种进程。蓝莓育种主要围绕果实大小、硬度、风味、耐贮性、适应性及丰产性等方面展开。北方高丛蓝莓的育种目标主要集中于改善风味、提高耐贮性、延长成熟期和适宜机械采收；南方高丛蓝莓育种目标集中在培育早熟、丰产、抗病、风味优良且适合机械收获的新品种；兔眼蓝莓的育种目标主要是延长成熟期，提高果实大小和品质，降低裂果率，提高抗病和耐贮性。近年来国内外的育种趋势呈现如下变化：①遗传背景多样化，更多有价值的野生越橘属种质资源被引入到蓝莓栽培品种中；②育种年限缩短，新品种释放速度加快，通过构建由农业试验站和私人种植者组成的育种协作网，使杂交后代得以快速地在不同的土壤和气候条件下开展区域试验评价，极大加快蓝莓育种进程；③北方高丛蓝莓和南方高丛蓝莓鲜食育种发展迅猛，南方高丛蓝莓的育种比例加大，新品种具有果个大、成熟期早、风味好、耐贮运、树势旺盛以及土壤适应性强等特点。北方高丛蓝莓新品种的开发则侧重于提高果实品质、土壤的适应能力以及增强树势等方面，并将其与南方高丛蓝莓品种杂交，以改变其遗传基础狭窄的现状；④具有特殊性状的观赏类蓝莓、功能保健类蓝莓和5倍体无籽蓝莓的开发开始受到重视；⑤专利授权品种数量日趋增加，育种者权益得到更多保护（赵丽娜等，2016；闫东玲等，2019）。

我国蓝莓育种研究起步较晚，当前育种工作仍主要集中在对品种资源的收集与评价方面。近年来，陆续选育出一些具有自主知识产权的蓝莓新品种。目前我国蓝莓新品种培育的数量、质量以及速度等方面均与国外无法比拟，且均尚未获得大面积推广应用。综合分析国内外近年来的蓝莓育种趋势，结合中国自然生态条件和资源情况，中国目前蓝莓育种方向的重点应为在保证品质的基础上，提高植株的适应性，特别是对黏重土壤和夏季高温的适应性，以保障产量和经济寿命；同时应把蓝莓果实花青素含量与质量放在首要位置，加强加工品种的培育。

第二节 主要种类

蓝莓栽培品种主要分3大类群，包括矮丛蓝莓（Lowbush blueberries）品种群、高丛蓝莓（Highbush blueberries）品种群和兔眼蓝莓（Rabbiteye blueberries）品种群。根据需冷量（7.2℃以下的低温总时数）和越冬抗寒力不同，高丛蓝莓品种群细划分为半高丛蓝莓（Half-highbush blueberries）、北方高丛蓝莓（Northern highbush blueberries）和南方高丛蓝莓（Southern highbush blueberries）（顾姻等，2001）。通常，矮丛蓝莓和半高丛蓝莓一般植株较小，耐寒性强，适宜在寒温带地区种植；北方高丛蓝莓一般要求需冷量在800小时以上，深度休眠时可抗−35到−40℃低温，但有些品种−21℃就受冻害，一般情况下超过30℃会出现热害，适宜在暖温带地区种植；兔眼蓝莓和南方高丛蓝莓一般需冷量低于600

小时，适宜在亚热带地区种植。兔眼蓝莓优点是生态适应性强、易获高产，缺点是果皮较厚、风味较差、种子较多，大部分品种果实的鲜食品质不如南方高丛蓝莓。南方高丛蓝莓则大多都具有果大、皮薄、味美、汁多、籽少的优点，但该类群大部分品种的生态适应性较差、经济寿命短，一般认为南方高丛蓝莓经济寿命只有7～8年。

第三节 主要品种

一、高丛蓝莓品种

以*V. corymbosum*为主培育出的一系列高丛蓝莓品种。一般自交可孕，但品种间授粉有利于结出较大而早熟的果实。

（一）北方高丛蓝莓品种

1. Duke 公爵（早熟）

由美国农业部新泽西州农业试验站于1986年推出，为（‘Ivanhoe’×‘Earliblue’）和（‘E30’×‘E11’）杂交后代。树体健壮，直立且开张，极为丰产稳产，抗寒性强。果实中偏大，浅蓝色，坚实，蒂痕小而干，风味柔和，有香味，成熟度集中。定植后第一年和第二年最好将花芽全部疏除，若植株管理不当，生长势易下降，影响后期产量。对僵果病抗性强。低温需冷量为800～1000小时（图3-1，图3-2）。

2. Reka 瑞卡（早熟）

由新西兰Ruakura研究中心于1985年推出，为（‘Asworth’×‘Earliblue’）和‘Bluecrop’杂交后代。树形直立，生长势强，早产稳产丰产，土壤适

图3-1 ‘公爵’植株

图3-2 ‘公爵’果实

应性强，抗寒性中等。果实中偏大，深蓝色，风味极佳，硬度好，适合机械采收。该品种需重剪以控制产量，以免过量挂果。枝条较软，结果过多时容易压弯。低温需冷量800小时以上。

3. Hannah's Choice 汉娜的选择（早熟）

由美国农业部新泽西州农业试验站于2005年推出，为‘G-136’和‘G-358’杂交后代。树形直立，生长势强，抗寒性中等，产量中等，稳产。果实中等偏大，中等蓝色，味甜，硬度好。低温需冷量为800小时以上。

4. Sweetheart 甜心（早熟）

由美国农业部蓝莓与蔓越橘研究推广Marucci中心于2011年推出，为‘TH275’和‘G567’杂交后代。树形直立，生长势强，但基生枝少，丰产。果实小至中，但硬度很好，蒂痕小而干，口感甜且风味极佳。采收期与‘Duke’相一致，集中成熟，易于采收。果实有时存在双色果。在我国大部分地区具有二次开花结果特性，因此也被称为‘双丰’。由于该品种挂果量大，需适当修剪控制果量。低温需冷量为800～1000小时。

5. Spartan斯帕坦（早熟）

由美国农业部于1977年推出，为‘Earliblue’和‘US11-93’杂交后代。树形直立，生长势强，对土壤有机质含量及通透性要求较高。丰产，果大或极大，浅蓝色，风味极佳。较耐塞寒。低温需冷量800小时以上。

6. Draper 德雷珀（中熟）

由美国密西根州立大学于2003年推出，为‘G751’和‘Duke’杂交后代。树形直立，生长势强，生长缓慢，枝条量较多，丰产性与‘Duke’相当，稳产性好。果实中偏大，浅蓝色，蒂痕小而干，风味极佳，硬度好，耐贮运，适合鲜食。相对于‘Bluecrop’，该品种成熟度更均一，风味更好，货架期更长，且适合机械采收。抗寒性强，可耐受零下20℃。低温需冷量为800小时以上。

图3-3 ‘蓝丰’植株

7. Bluecrop 蓝丰（中熟）

由美国农业部于1952年推出，为(‘Jersey’×‘Pioneer’)和(‘Stanley’×‘June’)杂交后代。树形直立开张，生长势强，极丰产，稳产，株产量5.4～9千克。挂果量过大时，枝条易压弯接触地表。果大，浅蓝色，果粉厚，硬度好，蒂痕干，味道佳，未完全成熟时偏酸。抗寒性较强，冬季可耐-32℃的低温，是我国北方地区主栽品种。抗旱力强。种植在海拔较高的山麓地带风味好。在平原地区种植易感染茎干溃疡病。低温需冷量为800小时以上（图3-3、图3-4）。

图3-4 ‘蓝丰’果实

8. Calypso 卡里普索（中晚熟）

由美国密西根州立大学于2014年推出，为‘Draper’和‘Elliott’杂交后代。树形直立，生长势强，基生枝量大，分枝能力中等，丰产。果实大，蒂痕小而干，浅至中等蓝色，硬度极好，风味极佳。果实成熟后可在植株上较长时间保持而不脱落。相比较‘Legacy’，果实更甜更大，但是生长势略低。不适宜在夏季高温地区种植，高于30℃易导致果实偏小，品质下降。低温需冷量为800～1000小时。

9. Top Shelf 顶架（中熟）

由美国Fall Creek公司于2013年推出，为‘Magnolia’和‘Draper’杂交后代。树形直立，生长势强，树冠呈花瓶状。果极大，平均单果重3.4克，天蓝色，硬度好，口感甜度适中。抗寒性一般。低温需冷量为700～1000小时。

10. Osorno 奥索尔诺（中熟）

由美国密西根州立大学于2014年推出，为‘Draper’和‘Legacy’杂交后代。树形开张，生长势强，丰产稳产，抗寒性较弱。果大，浅蓝色，蒂痕小而干，硬度好，风味极佳。夏季高温对植株挂果和果实品质影响较小。低温需冷量为800～1000小时。

11. Bluegold 蓝金（晚熟）

由美国明尼苏达大学于1989年推出，为（‘Bluehaven’×‘ME-US55’）×(‘Ashworth’×‘Bluecrop’)杂交后代。树形直立，生长慢，枝条量大，丰产，抗寒性强，可耐受零下29～35℃。果实中等大小，天蓝色，蒂痕小而干，风味佳、略偏酸，硬度好，适合机械采收。花芽量大，需防止过量挂果。枝条较脆，在我国北方埋土防寒时容易折断。低温需冷量为800小时以上（图3-5，图3-6）。

12. Liberty 自由（晚熟）

由美国密西根州立大学于2003年推出，为‘Brigitta’和‘Elliott’杂交后代。树形直立，生长势强，枝条量较多，早产丰产性强，抗寒性

图3-5 ‘蓝金’植株

图3-6 ‘蓝金’果实

强。果实中偏大，粉蓝色，果形扁圆，蒂痕小而干，硬度好，耐贮运，风味极佳，被认为是蓝莓鲜果中最好的品种之一。自花结实时果实偏小，品质差，建议配置授粉树。植株花芽量大，需重剪控制花芽。对枝条真菌病害较为敏感。低温需冷量为800小时以上。

13. Brigitta 布里吉塔（晚熟）

由澳大利亚维多利亚州农业部于1980年推出，为‘Lateblue’自然授粉后代。树形直立，抗寒性中等。果实大，味甜，风味极佳，蒂痕小而干，硬度好，耐贮运，适合机械采收。但该品种存在坐果率低，产量不稳定问题，在我国逐步被种植者所淘汰。低温需冷量为800小时以上（图3-7，图3-8）。

14. Cargo（晚熟）

由美国Fall Creek公司于2013年推出，为‘Bluegold’和‘Ozarkblue’杂交后代。树形直立，冠幅紧凑，生长势极强，丰产稳产。果实中等大小，匀称，浅蓝色，风味偏酸，硬度极好，适合机械采收。低温需冷量为800～1000小时。

图3-7 ‘布里吉塔’植株

图3-8 ‘布里吉塔’果实

15. Aurora 奥罗拉（极晚熟）

由美国密西根州立大学于2003年推出，为‘Brigitta’和‘Elliott’杂交后代。树形直立略开张，生长势强，枝条量大，丰产。果实中至大，浅蓝色，硬度好，蒂痕小，口感略带酸味。果实采收时果皮撕裂比率低于‘Elliott’。采收期高温易引起果实晒伤。低温需冷量为800小时以上。

16. Last Call 最后的呼唤（极晚熟）

由美国Fall Creek公司于2014年推出，为‘Ozarkblue’和‘Elliott’杂交后代。树形直立，生长势强，丰产，抗寒性中等。果实中偏大，浅蓝色，香味浓郁，硬度好，蒂痕小而干，风味佳。夏季高温易引起果实皱缩，多雨导致裂果。低温需冷量为800 ～ 1000小时。

（二）南方高丛蓝莓品种

南方高丛蓝莓是指由*V. corymbosum*(四倍体)与*V. darrowii*、*V. tenellum*(二倍体)、*V. angustifolium*(四倍体)、*V. virgatum*和*V. constablaei*(六倍体）等杂交而成的一批种间杂种。低温需冷量低于550小时，适合栽培在暖温带至亚热带地区。

1. O’Neal 奥尼尔（极早熟）

由美国北卡罗来纳州立大学于1987年推出，为‘Wolcott’和‘FLA64-15’杂交后代。树形直立、略开张，生长势中等。丰产，果大，中等蓝色，坚实，蒂痕小，风味佳。花期早易遭受倒春寒。枝条溃疡病抗性强。是我国早期广泛种植的品种，近年来种植者种植意愿较低。低温需冷量为400 ～ 500小时（图3-9，图3-10）。

图3-9 ‘奥尼尔’植株

图3-10 ‘奥尼尔’果实

2. Springhigh 春高（极早熟）

由美国佛罗里达种子生产基金会于2005年推出，为‘FL91-226’和‘Southmoon’(南月)杂交后代。树形直立性强，适应性强。果实大，深蓝色，果粉少，硬度中等偏软，蒂痕小，风味极佳。需要及时采收以避免果实变软，缩短货架期。在佛罗里达地区成熟期较‘明星’（‘Star’）和‘绿宝石’（‘Emerald’）早9天。低温需冷量为200～300小时（图3-11，图3-12）。

图3-11 ‘春高’植株

图3-12 ‘春高’果实

3. Meadowlark 云雀（极早熟）

由美国佛罗里达大学于2009年推出，为‘FL98-183’和‘FL98-133’杂交后代。树形直立，冠幅紧凑，生长势强，萌叶能力强，丰产潜力大。果实中偏大，果柄长，易于采收；深蓝色，但果实着色不均一，即使成熟时，蒂痕处有时呈红色或紫色，风味中等，硬度好，适合机械采收。植株对叶片细菌性焦枯病敏感。低温需冷量极低。

4. Rocio 罗西欧（极早熟）

由西班牙Atlantic Blue公司于2009年推出，为‘FL96-24’和‘FL95-3’杂交后代。树形直立，自花授粉，在低需冷量地区为常绿，4年生单株平均产量为3.84千克。果实大，中等蓝色，果实硬度极好，风味好。果实成熟后可在植株上保持10天，且品质不受影响。对病害抗性强，易感蚜虫和蓟马。在国外低需冷量地区现被广泛种植。低温需冷量低于300小时。

5. Snowchaser 追雪（极早熟）

由美国佛罗里达种子生产基金会于2006年推出，为‘FL95-57’和‘FL89-119’杂交后代。树形半直立半开张，生长势强，产量中等。果实中等大小，硬度好，中等蓝色，蒂痕小，风味极佳。植株开花极早，需防止早春寒流伤害。对枝条溃疡病敏感，栽植难度较大。低温需冷量低于200小时（图3-13，图3-14）。

图3-13 ‘追雪’植株

图3-14 ‘追雪’果实

6. Ventura 温图拉（极早熟）

由美国Fall Creek公司于2013年推出，为‘FL96-24’和‘FL00-60’杂交后代。树形直立，生长势强，丰产。果大，硬度中等，中等蓝色，风味佳。相比较‘春高’（‘Springhigh’），果实成熟更早，产量更高，硬度更好。在低需冷量地区可常绿栽培。植株基生枝萌生能力差。低温需冷量低于200小时。

7. Rebel 瑞贝尔（极早熟）

由美国佐治亚大学于2006年推出，为‘FL92-84’自然杂交后代。树形开张，分枝能力强，生长势强，丰产。果实大，浅蓝色，蒂痕小且干，硬度好，风味温和，口感好。低温需冷量为250～450小时（图3-15，图3-16）。

图3-15 ‘瑞贝尔’植株

图3-16 ‘瑞贝尔’果实

8. Kestrel（极早熟）

由美国佛罗里达种子生产基金会于2010年推出，为‘FL95-54’和‘FL97-125’杂交后代。树形开张，生长势强，丰产性中等。果大，硬度好，味甜，风味浓郁，果实成熟初期也带有果香味。适宜在夏季少雨地区种植。对叶片真菌病害敏感。低温需冷量为200小时。

9. Sharpblue 夏普蓝（早熟）

由美国佛罗里达大学于1976年推出。树体略开张，健壮，丰产，适宜条件下单株产量为3.6～7.2千克。果大，果色稍深，蒂痕较湿，风味佳。采摘时易引起果皮撕裂。对根腐病和枝条溃疡病抗性中等，对叶片病害敏感。由于采后易腐烂，货架期短，近年来国内种植意愿逐步下降。低温需冷量为150～300小时（图3-17，图3-18）。

图3-17 ‘夏普蓝’植株

图3-18 ‘夏普蓝’果实

10. Star 明星（早熟）

由美国佛罗里达大学于1995年推出，为‘O’Neal’和‘FL80-31’杂交后代。树形直立性和生长势中等。果实大而均匀，蒂痕和硬度好，风味佳，品质优良。花期虽晚于‘夏普蓝’（‘Sharpblue’）和‘海岸’（‘Gulfcoast’），但采收期与之相同，且采收期相对集中。对根腐病、枝枯病和枝条溃疡病抗性较强，对叶斑病较敏感。低温需冷量为400～500小时（图3-19，图3-20）。

图3-19 ‘明星’植株

图3-20 ‘明星’果实

11. Misty 密斯梯、薄雾（早熟）

由美国佛罗里达大学于1989年推出，为‘Avonblue’和‘FL67-1’杂交后代。树形直立，略开张，生长势强，叶色浓绿。在不过量结果情况下，果大而坚实，色泽美观，蒂痕和坚实度好，整体品质优于‘夏普蓝’（‘Sharpblue’）。花期与‘夏普蓝’（‘Sharpblue’）相近，易受倒春寒危害。由于花芽量大，导致叶芽萌发较差，需重剪控制花量，避免过量挂果。植株对根腐病、枝条溃疡病和叶片病害抗性强于‘夏普蓝’（‘Sharpblue’）。低温需冷量为150 ～ 300小时（图3-21，图3-22）。

图3-21 ‘密斯梯’植株

图3-22 ‘密斯梯’果实

12. Emerald 绿宝石（早熟）

由美国佛罗里达大学于1999年推出，为‘FL91-69’和‘NC528’杂交后代。树形直立开张，枝干粗壮，生长势强。丰产，果大，中等蓝色，硬度好，蒂痕干、中等大小，风味佳。花量大，开放集中，花期早。果穗紧密，而果实成熟不一致导致采摘效率相对偏低。此外，该品种在我国长江以南地区二次开花现象普遍，在云南南部可全年开花结果。对枝条溃疡病和疫病抗性较强。低温需冷量为250小时左右（图3-23，图3-24）。

图3-23 ‘绿宝石’植株

图3-24 ‘绿宝石’果实

13. Primadonna天后（早熟）

由美国佛罗里达种子生产基金会于2006年推出，为‘O’Neal’和‘FL87-286’杂交后代。树形半直立半开张，生长势强，产量中等。果实大，但有时不规则，硬度好，中等蓝色，蒂痕小且干，风味佳。花期早，在美国佛罗里达地区较‘明星’（‘Star’）成熟早9～14天。植株对枝条溃疡病和根腐病抗性强，对疫病抗性中等。花芽低温需冷量明显少于叶芽，春季有时出现叶芽萌发差，进而影响产量。该品种会出现无缘由的产量下降。现阶段该品种在我国云南南部的基质栽培体系中广泛种植，表现优秀。低温需冷量200小时左右（图3-25）。

图3-25 ‘天后’果实

14. Farthing法新（早熟）

由美国佛罗里达大学于2008年推出，为‘FL96-27’和‘Windsor’杂交后代。树形半直立半开张，生长势强，枝条量大且密，叶色深绿。果实中偏大，深蓝色，硬度极佳，口感脆，微酸，蒂痕小且干。果实成熟后可保持较长时间不落果，适合机械采收。相对于‘明星’（‘Star’），植株生长势更强，丰产潜力更大，且更抗枝条溃疡病。低温需冷量为300小时左右。

15. Biloxi 比洛克西（早熟）

由美国农业部于1998年推出，为‘Sharpblue’和‘US329’杂交后代。树形直立，枝条量大，生长势强，丰产。果实中偏小，蒂痕中等大小，浅蓝色，硬度好，风味佳。该品种适宜常绿栽培体系，在我国云南红河州地区基质栽培表现良好。低温需冷量200～300小时（图3-26）。

图3-26 ‘比洛克西’果实

16. Scintilla 火花（早熟）

由美国佛罗里达大学于2008年推出，为‘FL96-43’和‘FL96-26’杂交后代。树形直立，生长势强，产量中等。果实大，浅蓝色，果粉重，硬度好，蒂痕小，风味佳。果穗松散，易于采摘。植株挂果寿命相对较差。低温需冷量为200小时左右（图3-27）。

图3-27 ‘火花’果实

17. Jewel 珠宝（早中熟）

由美国佛罗里达大学于1998年推出。树形直立，略开张，生长势强，丰产。果实大，中等硬度，浅蓝色，蒂痕小，风味略酸；与‘绿宝石’（‘Emerald’）相比，果实略小而软。植株对溃疡病和疫病抗性强，对叶片锈斑病高感。低温需冷量200小时左右（图3-28，图3-29）。

图3-28 ‘珠宝’植株

图3-29 ‘珠宝’果实

18. Lanmei 1 蓝美1号（中熟）

由中国浙江蓝美农业有限公司选育的国家级林木良种（编号：国R-ETS-VC-006-2018）。树形直立略开张，健壮，生长势极强，极丰产。果小，花青素含量高，硬度中等，色泽美观。土壤适应性强，耐夏季高温，花期对气候变化不敏感，可自花结实，易采收（图3-30，图3-31）。

19. Camellia茶花（中熟）

由美国佐治亚大学于2005年推出，为‘MS-122’和‘MS-6’杂交后代。树形直立，生长势中等偏强，强于‘明星’（‘Star’）、‘奥尼尔’（‘O’ Neal’）和‘夏普蓝’（‘Sharpblue’）。果实大，天蓝色，硬度好，

图3-30 ‘蓝美1号’植株

图3-31 ‘蓝美1号’果实1

蒂痕小，风味佳。在佐治亚地区，花期较‘奥尼尔’（‘O’ Neal’）晚11天，产量低于‘绿宝石’（‘Emerald’）。低温需冷量为400～450小时。

20. Eureka 优瑞卡（中熟）

由澳大利亚Mountain Blue公司于2014年推出，为‘S02-25-05’和‘S03-08-02’杂交后代。树形直立，生长势强，极丰产，适合机械采收。果实极大，硬度好，深蓝色，蒂痕小，甜度高，风味佳，适宜长距离运输。花期早，自花授粉性较差。低温需冷量为200～250小时左右（图3-32，图3-33）。

图3-32 ‘优瑞卡’植株

图3-33 ‘优瑞卡’果实

21. Miss Alice Mae（中熟）

由美国佐治亚大学于2015年推出，为‘TH-647’和‘Windsor’杂交后代。树形半直立，紧凑，生长势中等，丰产。果实中偏大，平均单果重1.5～2.1克，浅至中等蓝色，硬度好，蒂痕小而干，风味佳。可自花授粉，配置授粉树利于果实品质。低温需冷量为450～550小时。

22. Legacy 莱格西（晚熟）

由美国农业部于1993年推出，为‘Elizabeth’和（‘Fla.4B’×‘Bluecrop’）杂交后代。树形直立，生长势极强，适应性强，适合机械化采收，丰产稳产。果实中偏大，硬度好，粉蓝色，蒂痕小，风味佳，适宜长距离运输。成熟期较‘明星’（‘Star’）晚2～3周。低温需冷量为400～600小时（图3-34，图3-35）。

23. Ozarkblue 奥萨蓝（晚熟）

由美国阿肯色大学于1996年推出，为‘G-144’和‘FL4-76’杂交后代。树形直立，生长势强，丰产稳产。果重1.3～2.1克，蒂痕小，浅蓝色，硬度好，香味较浓。耐贮藏，在5℃下贮藏21天时硬度和果重不会下降。对枝条溃疡病轻微敏感，对灰霉病抗性强。低温需冷量为600～800小时（图3-36，图3-37）。

图3-34 ‘莱格西’植株

图3-35 ‘莱格西’果实

图3-36 ‘奥萨蓝’植株

图3-37 ‘奥萨蓝’果实

二、兔眼蓝莓品种

一般而言，兔眼蓝莓生长势强，生长健壮，基部萌枝能力强，直立性好，适应性强，抗旱性强，低温需冷量为600小时左右。我国现阶段主栽的兔眼蓝莓品种主要是‘灿烂’（‘Brightwell’）和‘芭尔德温’（‘Baldwin’）。

1. Premier杰兔（早熟）

由美国北卡罗来纳州立大学和美国农业部于1978年推出，为‘Tifblue’和‘Homebell’杂交后代。树形开张，树冠中偏大，生长势极强。幼枝柔软，需进行夏季修剪以增强其支撑力。在灌溉条件下株产3.6～4.5千克。果实大，深蓝色，硬度中等，蒂痕小而干，有香味，品质优。鲜食加工均宜。花常出现畸形，没有花冠或花冠部分缺失。成熟后需及时采摘，以保持果实硬度。植株适应性强，可适应高pH土壤。低温需冷量为500～550小时（图3-38，图3-39）。

图3-38 ‘杰兔’植株（张根柱提供）

图3-39 ‘杰兔’果实（张根柱提供）

2. Vernon（早熟）

由美国佐治亚大学和美国农业部于2004年推出，为‘T-23’和‘T-260’杂交后代。树形直立开张，生长势强，枝条量大，丰产稳产。果实中等大小，平均单果重1.8克，集中成熟，蒂痕干，硬度好，果色浅蓝，风味甜。植株开花较‘杰兔’（‘Premier’）晚，但与‘杰兔’（‘Premier’）同时成熟，能够较好避免倒春寒。植株可一定程度自花结实，建议配置授粉树。由于果实品质佳，易采收和运输，近年来受到种植者关注。低温需冷量为500～550小时。

3. Prince 王子（早熟）

由美国农业部于2008年推出，为‘MS598’和‘FL80-11’杂交后代。树形直立，生长势极强，丰产。果实中等大小，平均单果重为1.79克，硬度好，与‘灿烂’（‘Brightwell’）相当。蒂痕干，风味佳。植株花期长，较‘杰兔’（‘Premier’）早。自花授粉差，建议授粉树品种有‘杰兔’（‘Premier’）、‘灿烂’（‘Brightwell’）、‘顶峰’（‘Climax’）、‘Vernon’等。雨季采收易裂果。适应性好，抗病性强。低温需冷量为300～400小时（图3-40，图3-41）。

图3-40 ‘王子’植株

图3-41 ‘王子’果实

4. Austin 奥斯汀（早熟）

由美国佐治亚大学于1996年推出，为‘T-110’和‘Brightwell’杂交后代。树形直立，生长势中等，更新枝量多。较丰产。果实中偏大，浅蓝色，蒂痕干。果实比‘顶峰’（‘Climax’）稍软，但仍适合于机械采收。该品种是‘顶峰’（‘Climax’）理想的授粉树。低温需冷量为450～500小时。

5. Climax 顶峰（早熟）

由美国佐治亚大学于1974年推出，为‘Callaway’和‘Ethel’杂交后代。树形直立而稍开张，生长势中等，基部萌生枝较少，但足够更新树势。对幼树进行强修剪或取枝条会影响树势，特别在遇到干旱或过湿的情况更会造成树势衰退。丰产，在灌溉条件下单株产量3.6～10千克。品种混栽利于提高产量。最佳授粉树为‘灿烂’（‘Brightwell’）。果中偏大，中等蓝色，硬度好，蒂痕小，风味佳，香味浓。低温需冷量400～450小时（图3-42，图3-43）。

图3-42 ‘顶峰’植株

图3-43 ‘顶峰’果实

6. Alapaha（早熟）

由美国佐治亚大学于2001年推出，为‘T-65’和‘Brightwell’杂交后代。树形直立，冠幅紧凑，春季萌叶能力强，生长势强，丰产。花期较‘Climax’晚1周左右，但两者成熟期相近，可较好的避免春季寒害。果中等大小，蒂痕小而干，浅蓝色或略深，硬度中等，略差于‘Climax’，风味甜中带酸。近年来被种植以替代早熟品种‘Climax’。低温需冷量为450～550小时。

7. Savory（早熟）

由美国佛罗里达大学于2003年推出。树形半直立半开张，生长势强，丰产，6年生以上大树单株产量约为5千克。果实大，良好修剪的植株平均单果重为2克。浅蓝色，蒂痕小而干，硬度好，风味甜，质地粗。与‘Climax’花期相近，但早成熟7～10天。低温需冷量为300～400小时。

8. Titan 泰坦（早中熟）

由美国佐治亚大学于2010年推出，为‘T-460’和‘FL80-11’杂交后代。树形直立，生长势强，丰产稳产，4年生植株株高可达1.5～1.8米。果极大，首次采摘平均单果重为3～4克，第二次采摘为2.7～3.2克。果实硬度好，与‘灿烂’（‘Brightwell’）相当，蒂痕干，风味佳，甜，耐贮运，货架期长，适合机械采收。一定程度下自花授粉。成熟期土壤湿度大会导致裂果。低温需冷量为500～550小时（图3-44，图3-45）。

图3-44 ‘泰坦’植株

图3-45 ‘泰坦’果实

9. Krewer（中早熟）

由美国佐治亚大学于2015年推出，为‘Vernon’自然授粉后代。树形直立，生长势强，丰产。果大，单果重为2.0～3.6克，硬度好，风味佳，蒂痕中等大小且干，耐贮运。成熟期土壤湿度大易导致裂果。果实需完全成熟才呈现蓝色，否则果蒂处呈现红色。低温需冷量为400～450小时。

10. Brightwell 灿烂（中熟）

由美国佐治亚大学于1983年推出，为‘Tifblue’和‘Menditoo’杂交后代。树形直立略开张，适应性好，生长势强，更新枝多。产量高，在我国长江中下游地区，正常管理和灌溉条件下单株产量9～24千克。果实中到大，重1.5～2克，浅蓝色，硬度好，蒂痕小而干，味甜，品质佳。在我国广泛种植，是综合表现最佳的兔眼蓝莓品种。低温单位350～400小时（图3-46，图3-47）。

图3-46 ‘灿烂’植株

图3-47 ‘灿烂’果实

11. Columbus 哥伦布（中熟）

由美国北卡罗来纳州立大学于2002年推出。树形半直立半开张，生长势中等，丰产。果实大，粉蓝色，蒂痕中等大小，风味佳，果香味浓郁，硬度好，耐贮运。果实不易裂果。低温需冷量为600～700小时。

12. Ocean blue 海洋蓝（中熟）

由新西兰植物与食品研究所于2010年推出，为‘Centurion’和‘Rahi’杂交后代。树形直立，生长势中等至强，产量中等至高。果实中等大小，中等蓝色，蒂痕小而干，硬度中等，果粉较少，果实无砂粒感，风味甜。低温需冷量为600～750小时。

13. Pink lemonade（中晚熟）

由美国农业部蓝莓与蔓越橘研究推广Marucci中心于2005年推出，为‘NJ89-158-1’和‘Delite’杂交后代。树形直立，生长势中等，产量中等，适应性强。果实中等大小，亮粉色，风味甜，硬度好，耐贮运。由于果实颜色呈粉色，冬季叶色呈红棕色，可用于观光采摘园。

14. Onslow（中晚熟）

由美国北卡罗来纳州立大学于2001年推出。树形直立，生长势强，自花结实。果实大，中等蓝色，硬度好，蒂痕干，有令人愉悦的果香味。低温需冷量为500～600小时。

15. Velluto Blue（中晚熟）

由新西兰植物与食品研究所于2012年推出，为‘Maru’和‘Briteblue’杂交后代。树形半直立，生长势中等至强，丰产，管理较好的植株产量为6～12千克。果大，平均单果重为2.4克，浅蓝色，蒂痕小而干，硬度中等，甜酸口感。与其他兔眼蓝莓相比，口感砂粒性低，适合鲜食。低温需冷量为500～700小时。

16. Tifblue 梯芙蓝（中晚熟）

由美国佐治亚大学于1955年推出，为‘Ethel’和‘Clara’杂交后代。树形直立，树冠中等大小，生长势强，更新枝多。较丰产。单株产量3.6～7.0千克。果实中到大，淡蓝色，坚实，蒂痕小而干，味甜，风味极佳，加工品质好。适应性强，是兔眼蓝莓中抗寒性最强的品种之一。低温需冷量为600～700小时（图3-48，图3-49）。

图3-48 ‘梯芙蓝’植株（张根柱提供）

图3-49 ‘梯芙蓝’果实（张根柱提供）

17. Powderblue 粉蓝（中晚熟）

由美国北卡罗来纳州立大学和美国农业部于1978年推出，为‘Tifblue’和‘Menditoo’杂交后代。树形直立，树冠中等大小，生长势强。丰产稳产，在灌溉条件下株产3.6～6.3千克。果实中等大小，略小于‘Tifblue’，淡蓝色，果粉重，硬度好，蒂痕小而干，味甜，风味佳，但无香味，品质佳。对叶部病害有一定抗性。在十分潮湿的土壤中不易裂果。低温需冷量为550～650小时（图3-50，图3-51）。

图3-50 ‘粉蓝’植株（张根柱提供）

图3-51 ‘粉蓝’果实（张根柱提供）

18. Garden Blue 园蓝（晚熟）

由美国北卡罗来纳州立大学于1958年推出，为‘Myers’和‘Clara’杂交后代。树形直立，生长势极强，适应性好，丰产。果实较小，深蓝色，风味好，品质佳（图3-52，图3-53）。

图3-52 ‘园蓝’植株

图3-53 ‘园蓝’果实

19. Baldwin 芭尔德温（晚熟）

由美国佐治亚大学于1985年推出，为‘Tifblue’和‘Ga6-40’杂交后代。树形直立，树冠大，生长强健。极丰产、稳产。果实中到大，深蓝色，坚实，蒂痕极小而干，味较甜偏酸，风味好，耐贮藏。病虫害少。低温需冷量为550～650小时（图3-54，图3-55）。

20. Ochlockonee阿索尼（晚熟）

由美国佐治亚大学于2002年推出，为‘Tifblue’和‘Menditoo’的杂交后代。树形直立，树冠紧凑，生长势强，极丰产。花期晚，可以避免春季寒流危害。果实中到大，中等蓝色，坚实度中等，蒂痕小，风味甜。自花结实率低，可配置授粉树品种‘粉蓝’（‘Powderblue’）、‘灿烂’（‘Brightwell’）等。低温需冷量为650～700小时（图3-56，图3-57）。

图3-54 ‘芭尔德温’植株

图3-55 ‘芭尔德温’果实

图3-56 ‘Ochlockonee’植株

图3-57 ‘Ochlockonee’果实

三、矮丛蓝莓品种

加拿大农业及农业食品部在矮丛蓝莓育种方面作出了较大贡献，相继培育出‘Augusta’‘Brunswick’‘Chignecto’‘Blomidon’和‘Fundy’等高产品种。

1. Early Sweet 早甜（早熟）

来源于*V. angustifolium* var. *laevifolium*。株高25～40厘米，早熟，丰产。

2. Top Hat（早熟）

1977年推出的杂交品种。植株矮小呈球形，叶片小，枝条节间短。果实中等大，淡蓝色，坚实，蒂痕小，风味佳。自交结实。花期长达数周，秋季叶色变为鲜艳的红色，有很好的观赏价值。可作为庭院观赏品种。

3. Blomidon 美登（中熟）

加拿大杂交品种。树形直立，高30～40厘米。丰产，引种到我国长白山地区栽培的5年生树平均株产0.83千克，最高可达1.59千克。果较大，近球形，浅蓝色，被有较厚果粉，风味好，有清淡爽人香味。7月中旬成熟，成熟果不易自然落果，可集中一次采收。抗寒力极强，在长白山地区可安全露地越冬。对细菌性溃疡病抗性中等，虫害少。

4. Chignecto 芝妮（中熟）

加拿大品种。树体生长旺盛，叶片狭长。较丰产。果实近球形，蓝色，果粉厚。易繁殖，较丰产，抗寒力强。

5. Fundy 芬蒂（中熟）

加拿大品种。丰产早产。果实大，淡蓝色，被果粉。

6. Bloodstone 血石（晚熟）

从*V. crassifolium* subsp. *sempervirens*中选出的品种。匍地矮生常绿灌

木，高13～20厘米。叶片质地和形状类似长春花。不抗根腐病和炭疽病，在土壤过湿和高温多湿的环境下反应不佳。

7. Brunswick斯卫克（晚熟）

加拿大品种。较丰产。果实大，球形，淡蓝色。抗寒性强，在长白山地区可安全露地越冬。

第四章

建园

第一节　园地选择

第二节　园区规划设计

第三节　园区建设

第四节　土壤改良

第五节　苗木定植

第一节 园地选择

园地选择应综合考虑土壤、气候、地形、水文等自然条件及市场、交通、劳动力等社会经济因素，权衡利弊，趋利避害，因地制宜，这样才能以较低的投入获得较高的收益。例如，在一般情况下，适宜的土壤气候是蓝莓种植非常重要的条件。但如果是在大城市附近，尽管自然条件不是最适，由于交通便利，地理位置优越，市场需求旺盛，供不应求，经济效益高，也可以通过各种改良措施或利用现代设施进行栽培。在美国、波兰和以色列等国都有通过土壤改良在不适宜土壤上栽培蓝莓的先例。相反在交通不便、加工销售落后的地区，即使自然条件合适，也应慎重建园，如果建园，一定要就近建配套的冷库和精深加工厂。

一、土壤条件

1. 土壤酸度

蓝莓喜微酸性土壤，通常高丛蓝莓适宜的土壤pH值范围在4.3～5.2，兔眼蓝莓适宜pH值在4.3～5.5。

2. 土壤质地

疏松透气、保肥保水力强的砂壤土最适宜栽培蓝莓。排水性好的沙土也可以栽培，但肥水管理要求较高。蓝莓在黏重的土壤上生长不良。

3. 土壤有机质

有机质含量3%～5%的土壤利于蓝莓健康生长。在我国南方低山丘陵地区，土壤大多为红壤和黄壤，土壤有机质含量偏低，大部分土壤有机质含量在1%左右，难以较好地满足蓝莓生长需求，可以通过土壤改良提高有机质含量。

二、地形

蓝莓园宜选择向阳缓坡地（坡度小于10%）或平整的田块，要求水源充足，排灌方便。

三、地理交通

蓝莓果实硬度较低，耐贮性远不如苹果等果树。因此，蓝莓园必须交通便利，以便果实采后能被迅速运送到市场销售或进加工厂处理，道路务必平坦，以免果实在运输途中因颠簸挤压损伤，腐烂变质，造成经济损失。

第二节 园区规划设计

一、总体布局

对园区生产用地和非生产用地（道路、办公及生活服务设施等用地）进行综合规划，统筹安排。优先保证生产用地，同时使各项服务于生产的用地保持协调的比例，以达到经济效益最大化。园区应包含种植小区、道路系统、排灌系统、园区房屋设施（办公房、工具房、肥料农药库、果品贮藏库、职工宿舍及休息室等）。

二、种植小区规划

根据果园面积和地势的不同，将果园划分成若干作业小区，每个小区为一个基本生产管理单位。同一小区内的气候及土壤条件应基本一致。

种植小区面积应因地制宜，大小适当。平地按每8～10亩划一小区，南北行向，行长以60～80米为宜，最长不超过100米。小区形状宜采用长方形，果树行向与小区的长边一致。山地与丘陵果园小区采用带状长方形，小区的长边与等高线走向一致。

三、道路系统规划

具有一定规模的果园，必须合理规划建设道路系统。大、中型果园道路系统包括主路、支路和小路（图4-1）。主路以最短路程贯穿全园，路面宽5.0～6.0米，将园内办公区、生活区、贮藏转运场等与园外道路相连接。支路常设置在各小区之间，与主路相连，宽3.0～4.0米。小区内可根据需要设置小路，路面宽1～3米。小型果园可不设主路与小路，只设支路。

图4-1 蓝莓园中硬化混凝土道路

四、排灌系统规划

（一）灌溉系统

蓝莓园应规划喷灌或滴灌系统进行节水灌溉。灌溉系统的规划设计、设备选型、设备安装由有资质的专业单位负责完成。

（二）排水系统

山地蓝莓园的排水系统包括拦洪沟（环山沟）、排水沟（背沟）、总排水沟。拦洪沟应在果园上方，沿等高线方向修建。一般沟面上口宽1～1.5米，底宽1米，深1～1.5米。可在拦洪沟适当位置修建蓄水池。排水沟应设在梯田的内沿，深0.2～0.3米，梯田土面的地表径流汇入背沟，再通过背沟排入总排水沟。总排水沟应设在集水线上，走向与等高沟斜交或正交。一般深0.8米，宽0.5米，每隔3～5米修筑一个沉沙凼。在总排水沟旁适当位置修筑蓄水池，截留雨季雨水用于旱季灌溉。

平地蓝莓园排水系统由小区内的集水沟、小区边缘的排水支沟和排水干沟组成（图4-2）。一般呈井字形排布。集水沟与小区长边和果树行

图4-2 蓝莓园排水沟渠

向一致。规划于果树行间的空地，充分利用行间土地。排水支沟的深度和宽度应大于小区集水沟，排水干沟的深度和宽度应大于排水支沟，以利于排水通畅。主、支排水沟渠与道路交错时，道路下埋设涵管，深度与沟底一致或略深于沟底。

五、辅助建筑物规划

果园辅助建筑物应建在交通便利和有利作业的地方。园区面积在100亩以下，各种园区配套的建筑设施规划于主入园口旁为宜。面积在100亩以上，办公房、果品贮藏库、包装房、职工住房等规划于主入园口旁（图4-3），工具房、休息室、设备房、肥料农药库、配药场等应规划在园区中心位置为宜，电力设施一般沿主道旁架施。

图4-3 大型蓝莓园冷库及包装房

六、避雨设施

在南方一些蓝莓果实成熟季节与雨季同期的产区，建议架设避雨设施。在深翻整地、土壤改良、挖沟起垄等园地准备工作完成后，在每条规划的种植行上方按柱距4.5～6米架设避雨棚架（图4-4），棚宽1.8米，棚高2.3～2.6米。避雨棚架包括多个十字形支架，每个十字形支架包括立柱、横梁、主弓顶，横梁垂直固定在立柱上部，主弓顶的两端与横梁的两头铆接成弓形，立柱的顶端与主弓顶相连接；在每两个相邻十字形支架顶部及两侧分别连接有顶梁、侧梁，在相邻两主弓顶之间设有次弓顶，次弓顶的两端分别固定在两侧的侧梁上；主弓顶、次弓顶、顶梁、侧梁共同构成避雨棚架的架面（韦继光等，2020）（图4-5）。

立柱可采用水泥柱或镀锌钢管，柱下端埋入土中0.6米，柱顶距地面2.1～2.3米，立柱时注意纵、横对齐，柱顶高度一致。棚膜采用2.3～2.7米宽，0.03毫米（3丝）～0.05毫米（5丝）厚的无滴、抗老化和透光性好的醋酸聚乙烯膜(EVA)与聚氯乙烯膜。

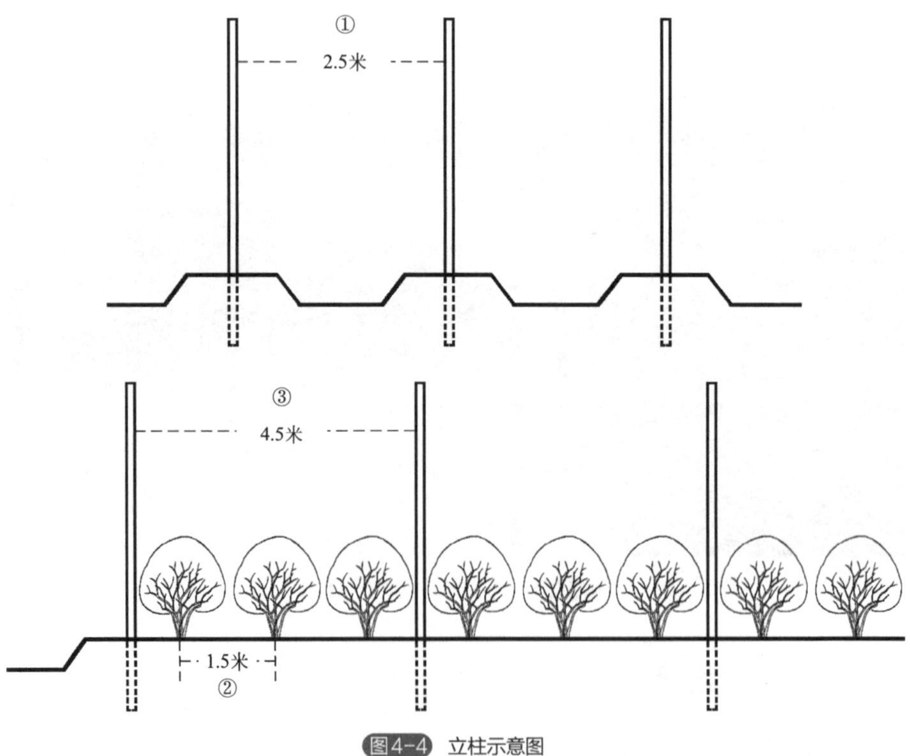

图4-4 立柱示意图

①行距：2.5米；②株距：1.5米；③柱距：4.5米

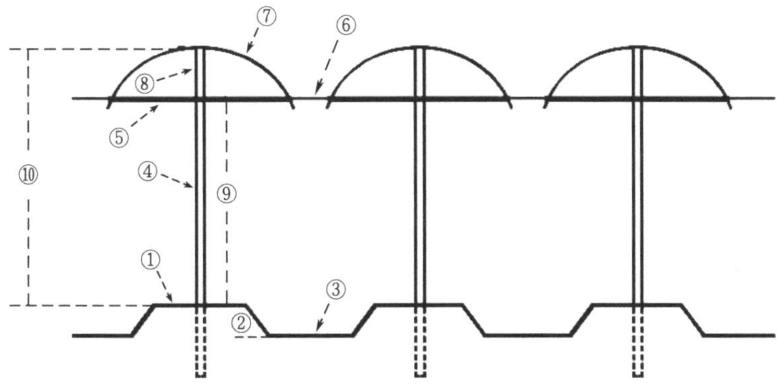

图4-5 简易避雨棚架示意

①垄面：宽1.0～1.2米；②垄高：0.2～0.3米；③行间走道及水沟：宽0.8～1.0米；④立柱；⑤横梁；⑥钢绞绳；⑦弓形钢管；⑧横梁到柱顶高：0.4米；⑨垄面到横梁高：1.7～1.9米；⑩垄面到棚顶高：2.1～2.3米

第三节

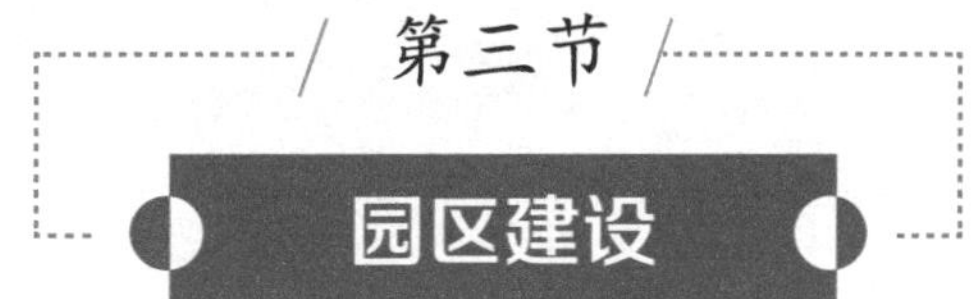

园区建设

首先是平整土地，清除地面树桩、杂物，将明显凹凸不平的地方推平（图4-6）。接着是放线定点，根据果园规划图，现场测量定点，

图4-6 平整土地

划出道路、排灌沟渠、辅助建筑物以及种植小区边界制控点等的地面位置。之后是修建道路和排灌设施。首先修筑主路和支路，以便建园物资的运输和施工建设。道路修成后再在其两侧修筑排灌水渠。在园区的适当位置修建500～1000米^{3}的水塘或蓄水池（图4-7）。最后修建辅助建筑物。

图4-7 大型蓄水池

第四节 土壤改良

一、整地

在路渠系统建成后，果园被分割成若干种植小区。种植小区宜在定植前一年深翻并结合压绿肥。如果杂草较多，可提前一年喷除草剂。土壤深翻熟化后旋耕平整土地，清除杂物。按行距2.0～3.0米起垄，垄面宽1.0～1.2米；排水沟及工作道0.8～1.0米；垄高0.2～0.3米（图4-8）。如果地下水位高或低洼地，要起高垄或将排水沟及工作道加深。

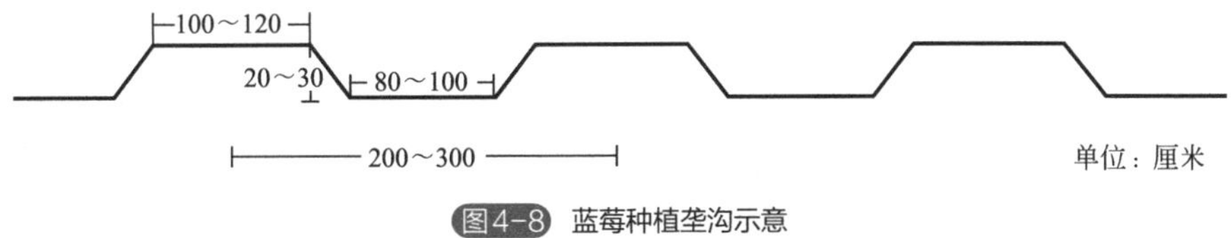

图4-8 蓝莓种植垄沟示意

二、调节土壤pH

土壤pH大于5.5时必须采取措施降低pH，常用方法是撒施硫黄粉。撒施硫黄粉宜在定植前一年结合深翻和整地同时进行。不同类别土壤调低一个pH单位所需硫黄粉用量参照表4-1。将所需用量硫黄粉均匀撒入全园土壤，深翻20厘米混匀，同时掺入松针、松树皮和醋糟等酸性基质，土壤改良效果更佳。

表4-1 不同土壤降低一个pH单位所需硫黄粉用量

土壤类别	硫黄粉用量/（千克/亩）
沙土	32.5～48.6
壤土	65.0～97.2
黏土	98.2～130.8

三、增加土壤有机质

在满足土壤pH的条件下，还需通过增加有机物料改良土壤，达到土壤疏松、通气良好、有机质含量＞3%的要求。在定植前在规划的种植行上开挖定植沟（40～60厘米宽、40厘米深）或定植穴(40厘米长、40厘米宽、40厘米深)，按园土和有机物料（苔藓、草炭、松树皮、松针、醋糟等）体积比1∶1～1∶2混匀后回填，回填土高出地面20～30厘米。

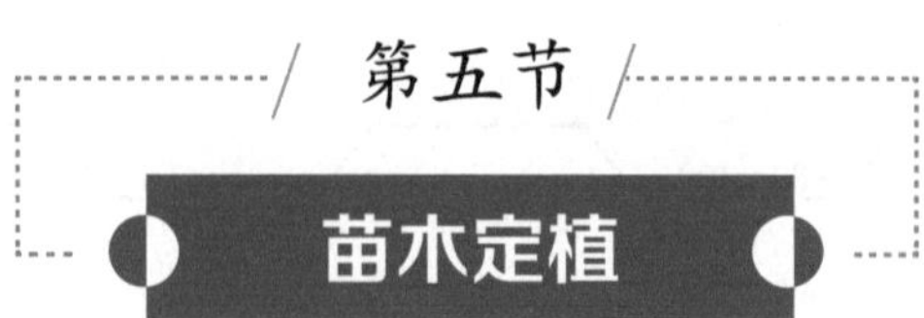

第五节 苗木定植

一、定植时期

春季和秋季均可定植，以春季定植为佳。春栽在土壤解冻后至萌芽前（2月初～3月初）进行，秋栽在落叶休眠后至土壤封冻前（11月中旬～12月底）进行。

二、栽植密度

兔眼蓝莓常用株行距为（1～1.5）米×（2～3）米，既利于早期产出又便于机械操作。高丛蓝莓株行距可适当缩短，通常为（0.8～1.5）米×（2～3）米。

三、授粉树配置

兔眼蓝莓自花不实或结实率较低，需要配置授粉树。主栽品种和授粉品种的比例以2∶1～3∶1为宜，即每隔2～3行主栽品种定植1行授粉品种。

四、定植方法

选择根系发达、枝条健壮的2～3年生苗木定植。栽植时将苗木从盆钵中取出，将根团破开，然后在事先改好土的定植沟（穴）上挖深度为

10～15厘米、长宽为20～30厘米的坑，将苗栽入覆土，向上轻轻提苗1次，使根系充分与种植土壤结合，覆土高出原来苗木茎基部0.5～1厘米为宜，切忌栽植过深，覆土后将周边土壤轻轻按压。定植后浇透水。

五、覆盖

标准化果园宜在垄上采用园艺地布或有机物料覆盖，以保持近土表处的土壤湿润，降低地表温度变幅，减少杂草滋生，防止地表水土流失和冬季冻拔危害等。垄上有机覆盖物的宽度宜在0.9～1.2米，厚度在5～10厘米左右，以后每年增铺2～3厘米以补充分解消耗的部分。覆盖物应因地制宜，就近取材，作物秸秆、松针、松树皮、锯末、稻壳、醋糟等均是理想的覆盖材料（图4-9）。

图4-9 行间采用园艺地布覆盖+行上有机物料覆盖

第五章

蓝莓水肥管理

第一节　水分管理

第二节　肥料管理

第一节 水分管理

蓝莓根系由许多没有根毛的纤维根组成，无主根，主要集中分布在0～20厘米土层内，不能吸收深层土壤水分，因此它对土壤水分状况较为敏感。土壤水分供应不足或过多均不利于蓝莓生长发育及产量品质形成。科学合理的水分管理是蓝莓丰产优质的基本保证。

一、水分管理依据

作物需水规律是制定合理高效灌溉制度的基本依据。蓝莓需水量受品种、树龄、气象条件、土壤状况及栽培措施等诸多因素影响。

（一）品种类群

不同蓝莓类群因其植株大小及生长特性不同而导致需水量差异较大。Haman等（1994）研究表明，建园定植后1～3年，各年份兔眼蓝莓需水量均高于高丛蓝莓。尹对等（2017）对盆栽蓝莓的研究发现，在相同灌溉处理条件下，生长季各月份兔眼蓝莓品种‘Brightwell’的单株耗水量均高于南方高丛蓝莓品种‘Misty’。这种差异可能是由于兔眼蓝莓生长势更强、生长速度更快造成的。同一类群不同品种需水量也有所不同。Bryla等（2007）对不同高丛蓝莓品种需水研究结果显示，需水峰值因品种而异，品种‘Duke’的需水峰值(≈10毫米/天)大于‘Bluecrop’(≈7毫米/天)和‘Elliott’(≈5毫米/天)。

（二）树龄

通常随着蓝莓树龄增长，植株冠幅及叶面积增大，其需水量也相应增大。据Haman等（1994）测算，佛罗里达州盖恩斯维尔市(Gainesville)2年生高丛蓝莓在定植后第一年（4～12月）每株需水量约为810升，第二年（1～12月）为1393升，第三年（1～12月）为2596升；同样树龄的兔眼蓝莓定植后1～3年每株需水量分别为1510升、1991升、3236升。在俄勒冈州科瓦利斯市（Corvallis），2年生高丛蓝莓品种'Elliott'定植后第一个生长季（7～9月）每株总需水量为200毫米（465升），第二个生长季（4～9月）为370毫米（859升）（Bryla等，2011）。

（三）生长发育阶段

蓝莓需水量通常随生长发育阶段发生变化。在澳大利亚新南威尔士州，株行距为1.5米×3米的成龄高丛蓝莓在早春营养生长期间每天需水量约为3.6毫米（或12升/株），到了夏季果实生长发育期每天需水量为5.4毫米（或18升/株）（Holzapfel，2009）。对5年生南方高丛蓝莓品种'Star'的研究显示，在落叶休眠期需水量最低，为1.3毫米/天，开花至果实成熟采收期为需水高峰期，为4.1毫米/天，采后秋梢生长期需水量下降，为2.4毫米/天（Keen等，2012）。Williamson等（2015）利用非称重式蒸渗仪对佛罗里达州中北部的南方高丛蓝莓品种'Emerald'成龄植株的需水规律进行研究，结果发现，在休眠季节（1、2月份）需水量较低，从春季芽萌动至果实成熟采收期（5月份）需水量迅速增加，并在夏季中期到末期（7、8、9月份）达到峰值，随后大幅度下降。1月份的单株日需水量最低，为1.75L/天，夏季中至末期需水量最高，为8.0升/天。多数研究显示，蓝莓需水高峰期在花冠脱落后最初两周和采收前后两周，在此期间就是轻度缺水也会严重影响产量（Mingeau等，2001）。

（四）气象条件

作物蒸发蒸腾量受总太阳辐射、风速、空气温度和相对湿度等气象因子影响显著。在其他条件相同情况下，炎热、干燥、多风天气下的蒸散量明显高于凉爽、潮湿、无风天气。不同地域的气候条件不同，因而蓝莓需水量也有所差异。在阿肯色州的研究表明，成龄北方高丛蓝莓'Bluecrop'在4～9月份每株需水量为150～225升（相当于5～7.5升/天）（Byers等，1987）；而在新泽西州，成龄北方高丛蓝莓'Bluecrop'在6～8月份晴天每株耗水量从3.5升/天到4.5升/天不等（Storlie等，1996）。

（五）土壤条件

土壤质地、土壤含水量等土壤条件对蓝莓需水量也有较大影响。在需水量较低的季节，生长在纯松树皮基质中的植株需水量显著高于生长在50%松树皮：50%园土混合基质中的植株，但在需水高峰期不同基质处理间没有明显差异（Williamson等，2015）。Haman等研究发现，在土壤水势分别为10千帕、15千帕、20千帕时进行灌溉三种处理下蓝莓植株需水量年变化动态相似，但土壤水势为10千帕时进行灌溉处理的植株需水量显著高于土壤水势为15千帕、20千帕时进行灌溉的处理，原因是10千帕灌溉处理的植株生长速率更快，植株生长量更大（Haman等，1997）。尹对等（2017）研究结果显示，盆栽基质含水量随灌水量增加而增大，兔眼蓝莓和南方高丛蓝莓单株净增干质量和总耗水量均随灌水量提高而增大。

二、水分管理方法

蓝莓的耐旱性和耐涝性相对较弱，需要稳定湿润的土壤环境。推荐使用滴灌系统进行灌溉，在每条种植行植株两侧分别铺设一条毛管，毛管距离植株15厘米以上，每株苗四周安装4个滴头，每侧2个，相距30～60厘米，滴头流量为1～4升/小时。在果园中埋置张力计指导灌溉，是一种简便而又准确的方法。通常需要埋设几组土壤张力计，一般每组两支，埋设深度分别为15厘米与30厘米，埋设点应距离滴头15厘米以上。当张力计读数达到20～30千帕时进行灌溉，当读数下降到10～15千帕时停止灌溉；有些蓝莓园利用参考作物蒸散量（ET_0）乘以作物系数（Kc）来估算蓝莓耗水量（ETc）并据此进行灌溉（表5-1）。

ET_0可从当地气象站获得，或根据气象数据计算得出；也可根据经验模型，按〔(4～5×树冠垂直投影面积（米^2）值)〕升/天/株计算耗水量，每2～3天左右浇灌一次。在春季萌动恢复生长后开始灌水，4月中旬到8月中旬，生长旺盛，需水量大，根据天气及土壤墒情适当增加灌水量和灌水频率。9月以后逐渐减少灌水量和灌水频率，抑制秋梢生长，促进花芽分化和枝梢充实。不同立地条件下蓝莓的水分管理应在参考其他地区的经验基础上，根据本地区具体情况，基于立地环境下蓝莓的需水规律制定适宜于本地区的灌溉方案。

表5-1　不同物候期蓝莓的作物系数、适宜土壤相对含水量及适宜的土壤水势

项目＼物候期	萌芽期	花期	果实膨大期	采收期	采后期	落叶期
作物系数Kc	0.5	0.8	1.05	1	0.8	0.4
适宜的土壤相对含水量/%	60～70	70～80	80～90	80～90	70～80	50～60
适宜的土壤水势/千帕	20～25	15～20	10～15	10～15	15～20	25～30

第二节 肥料管理

尽管蓝莓是寡营养植物，但科学合理施肥，满足其对养分的需求才能达到持续丰产优质的目标。

一、肥料种类

以营养全面的有机肥和复合肥为主，复合肥氮（N）、磷（P_2O_5）、钾（K_2O）比例通常为1∶1～2∶1，或是根据土壤和植株营养诊断结果进行调整。

二、施肥量及时间

有机肥通常在秋季“白露”节气之后，“霜降”节气之前施入，这个时间段是蓝莓根系的第二个生长高峰期，为施基肥的黄金时期。常用有机肥主要有腐熟的菜籽饼、豆饼、羊粪、牛粪等，施用量以每千克果施0.5～1千克为宜。不同树龄、树高复合肥施肥量及次数可参照表5-2。施肥量应以树高为主要依据。

表5-2　不同树龄、树高蓝莓复合肥施用量

树龄/年	树高/厘米	每株每次不同肥料用量/克				每年施用时间
		10-10-10（氮、磷、钾比例）	12-4-8（氮、磷、钾比例）	16-4-8（氮、磷、钾比例）	$(NH_4)_2SO_4$	
1	30	28				萌芽期 5月、7月、9月
2	60	43	34	26	20	萌芽期 5月、7月、9月
3	90	85	71	54	40	萌芽期 5月、8月
4	120	128	105	79	60	萌芽期 5月、8月
5	150	170	142	106	82	萌芽期 8～9月
6	180	227	190	142	108	萌芽期 8～9月

注：引自Krewer等，1999。

三、施肥方法

有机肥及颗粒复合肥主要采用环施、沟施、穴施或全园撒施的方法施入。环状施肥法适宜定植后1～2年的幼树，在树冠垂直投影边缘挖15～30厘米宽、10～20厘米深的沟施入。条状沟施或穴施适宜成龄树，即在树冠垂直投影边缘挖条状沟或穴施入。全园撒施适宜盛产蓝莓园，

将肥料均匀撒布全园，结合秋耕将肥料翻入地下，深度10～20厘米。水溶肥可通过滴灌系统施入，可在萌芽期、果实膨大期及采果后等几个时期分次随浇水施肥。滴灌施肥时先确定施用的肥料种类及用量，然后将肥料放入肥料罐中，充分溶解配制成母液，通过文丘里等吸肥器将母液注入滴灌系统，使其在管道中和灌溉水充分混匀，最后通过滴头施入蓝莓根际土壤。肥料种类及比例应根据土壤类型、树龄及物候期的需肥特点等作适当调整，浓度一般以0.3%左右为宜（董克峰等，2015）。

第六章

蓝莓病、虫、草、鸟害防控

第一节 病害防治

蓝莓主要病害有根腐病、枝枯病、叶斑病、灰霉病等。病虫害防控贯彻预防为主，综合防治的方针，选用高效安全、绿色环保防控技术，降低农药用量。

一、农业防治

综合应用各种栽培措施(适度密植、科学灌溉、合理施肥等)，增强树势，提高蓝莓树体对病害的抗性。经常巡查果园，发现病枝、病株应及时处理，去除病叶病梢、拔除病株进行掩埋和焚烧，防止病原菌扩散。保持蓝莓园通风透光性良好，降低田间环境湿度。对修剪、采果等造成的伤口，要及时喷涂杀菌剂、油漆进行伤口保护。结合冬剪，将病枝、病叶全部剪除，集中烧毁；将病果及熟后烂果及时清理或集中深埋；落叶后，清除全园杂草、落叶，集中外运或烧毁，以减少侵染源。

二、化学防治

春季结合虫害防治，全园喷1次3～5波美度石硫合剂，消灭多种越冬病虫(卵)，降低全年病虫害发生基数。4月中下旬～5月上中旬，用50%多菌灵400～600倍液、50%异菌脲可湿性粉剂800～1000倍液、苯甲嘧菌酯悬浮剂800～1000倍液、75%百菌清可湿性粉剂800倍液或70%甲基托布津1000倍液均匀喷雾，10～15天1次，连喷2～4次。8月中下旬～10月份，用50%异菌脲可湿性粉剂800～1000倍液或70%甲基托布津800～1000倍液防治1～2次，具体根据田间病情而定。使用时严格执行农药的安全使用标准，控制用药浓度及次数，注意安全间隔期。不同的杀真菌剂交替使用防止病菌产生抗药性。

第二节 虫害防治

蓝莓主要虫害有食叶类刺蛾、小卷叶蛾、蛀干类天牛、金龟子成虫及幼虫（蛴螬）、果蝇、蚜虫、蓟马、介壳虫等。

一、农业综合防治

从农业生态系统的总体观念出发，通过综合应用各种栽培措施(适度密植、科学灌溉、合理施肥、修剪、覆盖、除草等)，促使植株生长健壮，增强蓝莓树体对有害昆虫的抗性，创造有利于天敌生长繁衍而不利于虫害发生的生态条件和农田小气候，把虫害控制在经济损失允许程度以下。清扫果园，降低来年害虫发生基数：在果实成熟期及时清理病虫危害果及熟后落果、烂果，集中外运深埋；落叶后，及时彻底清除全园杂草、枯枝落叶，集中外运烧毁。

二、物理防治

人工捕杀：当害虫发生面积较小时，可采用人工捕杀方法进行消灭。

频振式杀虫灯诱杀：频振式杀虫灯是采用光、波、色等物理方法防治害虫的无污染、无公害的一种新型植保灯具，具有诱集昆虫种类和数量多、杀虫效率高、成本低等优点，被广泛用于农田害虫的防治。从4月上旬开始，果园内每20～30亩安装1盏频振式杀虫灯直至10月下旬（图6-1）。

图6-1 频振式杀虫灯诱杀害虫

黄色粘虫板诱杀害虫：从终花期开始，果园内每亩悬挂15～20张黄色粘虫板直至10月底。

果蝇诱捕器诱杀果蝇：从蓝莓果实始熟期（6月下旬）开始，果园内每亩悬挂5～8个果蝇诱捕器直至10月底。将诱捕器挂于果园遮阳处，尽量避免阳光直射，高度约1.5米为宜（图6-2）。在诱芯上滴3～5滴引诱剂，以后每隔20～30天补充一次引诱剂即可。

三、生物防治

一是保护利用害虫天敌，创造有利于天敌生存的环境条件。于每年的3～4月份铲除果园杂草，在果园周边及行间种植与蓝莓无共生性虫害、浅根、矮秆的豆科植物（如白三叶）或禾本科牧草（如黑麦草），为害虫天敌提供活动、栖息、繁殖和越冬的场所；选择对天敌杀伤力低的农药，忌用或少用广谱性杀虫剂，在天敌高峰期避免喷药。二是在害虫发生前期，通过人工释放赤眼蜂防治夜蛾类食心害虫，释放瓢虫、捕食

图6-2 果蝇诱剂袋、诱剂瓶

螨防治红蜘蛛、锈壁虱、粉虱等害虫。从4月开始，果园内人工释放赤眼蜂，每亩每次释放蜂量10000头以上，遇连阴雨天气应适当多放，整个生长季节释放5～6次；于4月上旬，每亩释放6000～8000只异色瓢虫幼虫或成虫；4月上旬～6月上旬，每亩撒放60～80袋捕食螨，每袋内装有1200～1500头捕食螨。

四、化学防治

在优先采用农业、物理、生物等防治措施的基础上，必须使用农药时，应选择对天敌杀伤力低的农药，忌用或少用广谱性杀虫剂，避开天敌发生高峰期用药，保护利用天敌。在树体萌动前一个月（3月初），正是越冬害虫大量出蛰时期，此时害虫抗性最弱，而害虫天敌尚未出蛰，是化学防治最佳时机。全园喷1次3～5波美度石硫合剂，消灭多种越冬病虫(卵)，降低果园全年病虫害发生基数。选用高效低毒低残留农药，尽量选择生物源农药，如用微生物源农药白僵菌制剂防治食心虫、蛴螬类害虫；用苏云金杆菌制剂防治叶蛾、刺蛾、卷叶蛾等鳞翅目害虫；病毒杀虫剂（如核型多角体病毒、颗粒病毒等）、抗生素类杀虫杀螨剂（如阿维菌素）、昆虫生长调节剂（如灭幼脲类）、植物源农药（如苦参碱、烟碱、大蒜素、鱼藤酮等）也是虫害防治十分有效的生物制剂。使用时应严格执行农药的安全使用标准，做到不同类药剂交替使用，控制用药浓度及次数，注意安全间隔期，施药后要严格按照安全间隔期安排采摘，确保果品安全无害。蓝莓主要虫害化学防治方法参照表6-1。

表6-1　蓝莓主要虫害化学防治方法

虫害种类	防治措施
蚜虫	在新梢生长期喷施1.2%烟碱·苦参碱乳油800～1000倍液，隔10天再喷施1次
刺蛾	采用1.2%烟碱·苦参碱乳油1000倍液、1.8%阿维菌素乳油2000倍液、25%灭幼脲悬浮剂2000倍液或苏云金杆菌粉剂等药剂进行喷施防治
小卷叶蛾	在越冬代幼虫出蛰盛期，交替使用5%高效氯氰菊酯乳油1500～2000倍液、50%杀螟松乳油1000～1500倍液、12%甲维虫螨腈悬浮剂800～1000倍液、25%灭幼脲3号悬浮剂1500～2000倍液、2.5%溴氰菊酯乳油2000～3000倍液、1.8%阿维菌素乳油2000倍液进行喷施防治。第1次用药后7～10天再喷1次药
金龟子	在蛴螬卵期或幼虫期，每亩用蛴螬专用型白僵菌杀虫剂1.5～2千克，与15～25千克细土拌匀，在作物根部土表开沟施药并盖土，施药后随即浇水。在蛴螬发生较重的田块，用50%辛硫磷乳油1000倍液，或80%敌百虫可湿性粉剂800倍液灌根，每株灌250～500毫升，杀死根际附近的幼虫；在成虫盛发期，可在18:00～19:00，每隔3～5天喷施无公害农药印楝素、除虫菊素
天牛	在虫道中放入磷化铝片剂、5%溴氰菊酯微胶囊、20%杀螟硫磷微胶囊、8%氰戊菊酯微胶囊或浸泡过80%敌敌畏800倍液的棉球，用黏土或小木桩封堵虫孔，熏杀幼虫

第三节　杂草防控

蓝莓行距较大，行间适合各类杂草的生长。蓝莓园杂草滋生对蓝莓树体生长发育、产量和果实品质有所影响，尤其是建园定植后1～3年的幼龄果园，由于地表空间较大，更易滋生杂草。有些杂草以其极强的竞争力同蓝莓植株争夺水分、养分、光照、生长空间（图6-3），造成树势衰弱，更为严重的是生长较差的植株，往往容易被杂草覆盖，如不及时将杂草清除，会造成树体死亡；另外部分杂草还是果园害虫（如叶蝉类、蚜虫、螨类等）及细菌、病毒的中间寄主或越冬场所，容易加重果园病虫害的发生；还有部分藤本杂草长有勾刺，缠绕树体影响果实采收（韦继光等，2017）（图6-4）。

图6-3 杂草以其极强竞争力同蓝莓争夺资源

图6-4 藤本杂草缠绕树体，影响果实采收

建园定植后，需要采用各种防控措施进行杂草综合防治，保持种植行两侧45～60厘米范围内无草（图6-5）。人工拔除杂草费工费时，土壤耕作又容易损伤根系和树体。采用化学除草剂除草，高效快捷，但长期、大量使用除草剂极易对树体生长、果实品质及果园生态环境产生不良影响。蓝莓园杂草绿色生态防控有利于我国蓝莓产业健康可持续发展：①有机物料覆盖：行内覆盖园艺地布或松树皮等有机物料，既能保水又可抑制杂草发生。有机覆盖物的宽度宜在0.9～1.2米，厚度在5～10厘米，以后每年增加2～3厘米以补充分解消耗的部分。覆盖物应因地制宜，就近取材。腐熟锯末、作物秸秆、松针、松树皮、醋糟等均是理想的覆盖材料。②人工生草：对于幼龄果园或重剪更新复壮果园，在行间的空隙地种植苜蓿、三叶草、黑麦草、高羊茅等绿肥。于春季或秋季铲除地面杂草，翻耕平整行间土地，全园撒施菜籽饼肥，菜籽饼肥使用量为90～110千克/亩，加45%的优质复合肥20千克/亩。按2～3.5克/米^{2}播种白三叶、紫花苜蓿草种，黑麦草播量为4～6克/米^2。当栽培草长至25～30厘米时，进行刈割，保留高度10～15厘米，每年割草4～6次，割下的草体覆盖树盘或沤肥（图6-6）。③自然生草，草果共生：对于成

图6-5 蓝莓果园行间自然生草+垄侧园艺地布覆盖+垄上有机物料覆盖

图6-6 行间种植白三叶

龄果园，很多杂草根浅茎矮对蓝莓植株生长影响甚小，对于生长迅速、植株过于高大的杂草，适时刈割，割下的草体覆盖树盘或沤肥，这样既有利于水土保持，又可增加土壤有机质（图6-7）。

图6-7 蓝莓果园行间自然生草

第四节

鸟害防控

据调查，鸟害造成的蓝莓园产量损失约为10%。最有效的防控措施是架设防鸟网（图6-8）。通常是在蓝莓果实转色期，全园架设白色或红色防鸟网，网眼大小为20毫米左右。果实采收结束后将防鸟网收起置于贮物室保存。

图6-8 防鸟网兼具防雹功能

第七章

蓝莓整形修剪

第一节

蓝莓整形修剪的目的与原则

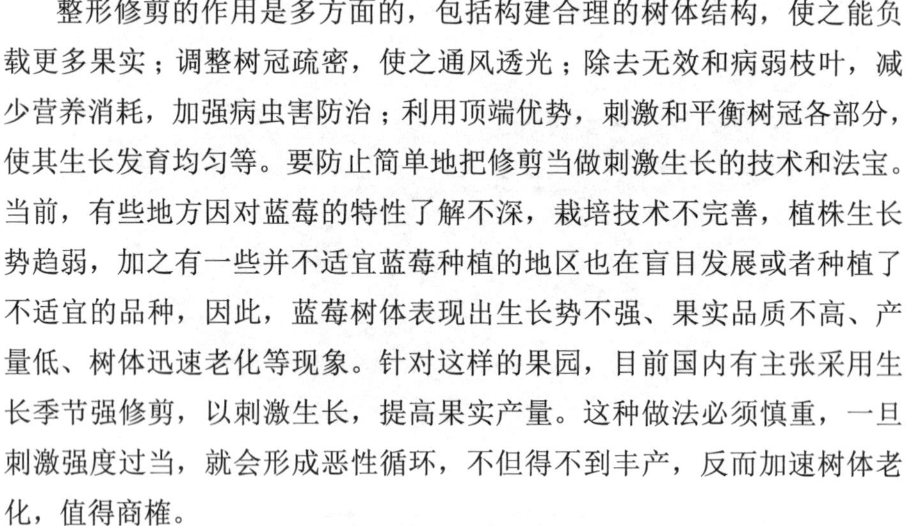

整形修剪的作用是多方面的，包括构建合理的树体结构，使之能负载更多果实；调整树冠疏密，使之通风透光；除去无效和病弱枝叶，减少营养消耗，加强病虫害防治；利用顶端优势，刺激和平衡树冠各部分，使其生长发育均匀等。要防止简单地把修剪当做刺激生长的技术和法宝。当前，有些地方因对蓝莓的特性了解不深，栽培技术不完善，植株生长势趋弱，加之有一些并不适宜蓝莓种植的地区也在盲目发展或者种植了不适宜的品种，因此，蓝莓树体表现出生长势不强、果实品质不高、产量低、树体迅速老化等现象。针对这样的果园，目前国内有主张采用生长季节强修剪，以刺激生长，提高果实产量。这种做法必须慎重，一旦刺激强度过当，就会形成恶性循环，不但得不到丰产，反而加速树体老化，值得商榷。

正常情况下，在蓝莓定植后1～3年内，幼龄树的修剪目的是控制结果量，保证树体长势，并在适宜的位置留足形成未来主体枝干的基生强枝，促进植株尽快成形以提早进入丰产期。对于成年树，修剪的目的是培养和保持理想的树形，增强树势，改善树体内部的通风透光条件，调节营养生长与生殖生长的矛盾，促花控果，达到产量与质量的平衡，防止过量结果，提高果实品质，延长果园经济寿命，实现持续丰产稳产、优质高效的目标。成年树的修剪原则是因树修剪。作为一种灌木树种，蓝莓整形修剪没有严格的固定模式。蓝莓树体结构不像苹果、梨、桃那样，它没有主干，构成树体的枝干数量也不固定。管理粗放，不做规范整形修剪的蓝莓树形大体上呈自然圆头形（图7-1）。整形修剪培养的圆头形，是在自然圆头形基础上进行适当疏枝、短截，使树冠缩小，做到布局合理，枝条疏散，枝序层次分明，内膛通透，树冠内外均能占据较大的有效空间，保证树冠的每一部分都能接受到足够的阳光，达到受光面积大、立体结果的丰产效果。修剪时除满足整形的要求以外，还要均衡树势，去弱留壮、促均抑强，构建以壮枝和中庸枝结果为主的树冠布局（图7-2）。即在需要除掉枝条或枝组时，尽量除去衰弱枝，保留强壮枝，尽量保持一定数量的结果枝组（或称结果枝群）。

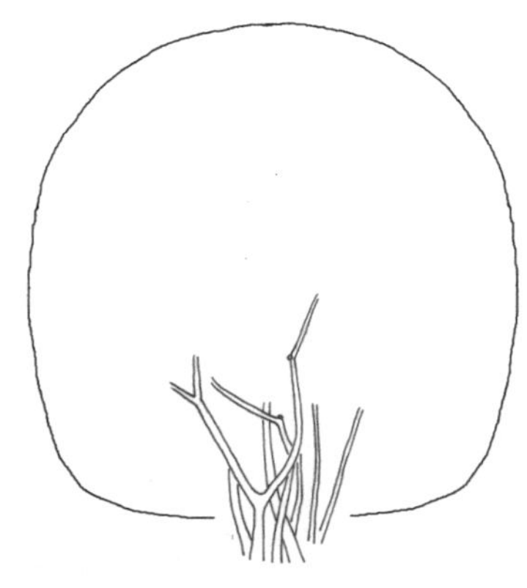

图7-1 长期不整形修剪的蓝莓树形

(a) 示意图

图7-2

(b) 实例

图7-2 蓝莓整形修剪图示

从保证丰产的角度出发，下剪前必须对树体的可负载量作出估计，大体确定应保留的结果枝组的数量。在判断枝条或枝组的优劣和结实潜力时不能仅凭枝条的长短来区分，还要看其生长势和枝条的粗度和充实程度。对1年生枝而言，弱枝的主要特点，一是枝条细软（即使很长也是弱枝）；二是转色不够，如在冬季枝条还保持绿色，说明枝条的成熟度不够；三是枝条上不形成花芽或花芽极少。最大的枝干并不一定最丰产，基径为1.3 ～ 2.5厘米的枝干丰产性最好；为了提供足够的营养维持枝干和叶片的生长，基径大于2.5厘米的枝干相对地减少了结果数量。对枝组而言，生长势可以根据其上1年生枝的总体长势加以判断，若枝组上的1年生枝普遍弱小，则整个枝组也相对衰弱。花芽量则是另一根据。如果枝组上的花芽量过多，可能是枝组开始衰弱的表现。随着枝组进一步衰弱，花芽量又会减少，甚至不形成花芽。对于树势已趋衰老的老龄树，整形修剪要遵循“新老更替，回缩复壮”的原则，着重于主枝的更新和枝组的复壮，以期恢复树势，重获丰产。蓝莓品种多样，树形树势更是千差万别，修剪方法没有绝对的标准，应在掌握品种生长结果习性的前提下，做到因树修剪，根据植株的具体情况、果实的用途、对修剪的反应等综合考虑，采取灵活的修剪方案。

第二节 蓝莓修剪手法及器械

一、常用的修剪手法

果树基本修剪方法包括短截、回缩、疏剪、长放、抹芽、拉枝、平茬等，通过各种修剪方法及其相互配合，充分利用其反应特点，达到持续丰产稳产、优质高效的目标。蓝莓为灌木，修剪方法以疏删为主，短截为辅。以下介绍几种在蓝莓生产上常用的修剪手法。

1. 长放

长放是指对1年生枝条不予修剪。长放用在生长势强的枝条上，其顶端可结一至几串果实，其下部可以萌发较多的长势中庸的新梢。长放是幼树快速成形和成年树结果枝组更新培养的基本手法。

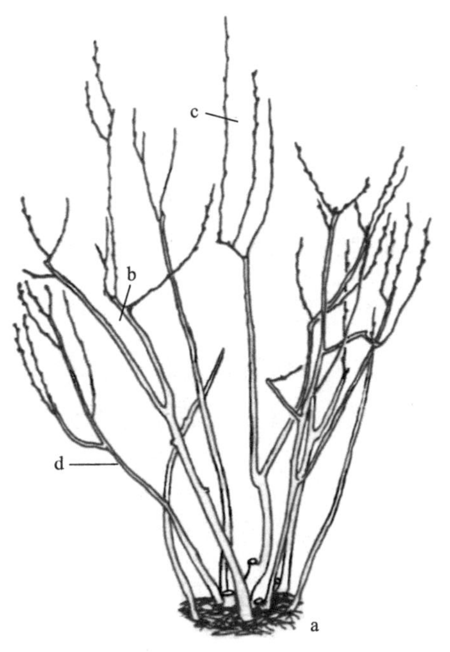

图7-3 修剪手法示意

（引自Gough，1994）

2. 疏剪

疏剪是蓝莓修剪中除了强枝长放外最常用的一项技术。包括将整个基生主枝从近地面处剪除（如图7-3中a）或是将主枝上的生长势已趋衰弱的多年生枝组从基部剪除，或将位置过于拥挤的侧枝从基部疏除(如图7-3中b)。疏剪的目的在于改善保留枝条的生长发育条件，利于树冠发育和通风透光，改进果实品质，丰产稳产。

3. 短截

短截是剪去1年生枝梢的一部分（如图7-3中c所示）。短截对剪口下的芽有刺激作用，距剪口越近，受刺激作用越大，抽生的新梢生长势越强。另外，短截后往往同时除掉了花芽，使结果数量减少，营养生长得到促进。最终的生长情况还与短截的轻重有关。如果轻剪，或仅截掉先端有花芽的部分，则总的生长量会超过长放；如果是重度短截，则总的生长量会少于长放。蓝莓生产上一般对徒长枝和基生枝在预定的位置进行短截，目的是控制枝条徒长，促进新梢增殖和花芽分化。对成龄树过长的枝条实施短截，既解决枝条过高易倒伏的问题，还能防止结果后严重下垂的现象。

4. 回缩

回缩是指将多年生枝组剪去一部分（图7-3中d）。回缩与短截的区别是剪口在多年生部位。回缩对剪口后部的枝条生长和隐芽萌发有促进作用。刺激生长的具体表现与剪口上部或下部枝组的长势有关。如果紧靠剪口下端（生物学下端）没有其他大型的枝组，或虽有枝组，但其长势较弱，则剪口以下一定范围内的隐芽会因受到刺激而萌发成为强旺枝；如果剪口以下的枝组长势较强，而被剪掉的枝组已经衰弱，则不会刺激产生大量强旺枝，而会在一定程度上促进剪口后部枝芽生长。回缩的促进作用还与回缩的轻重程度有关。缩剪适度，可促进生长；过重则抑制生长。

5. 平茬

贴近地面将地上部分全部剪除（图7-4）。主要用于定植15～25年的高丛蓝莓和兔眼蓝莓老树更新复壮。老树平茬后从基部萌发新枝，更新

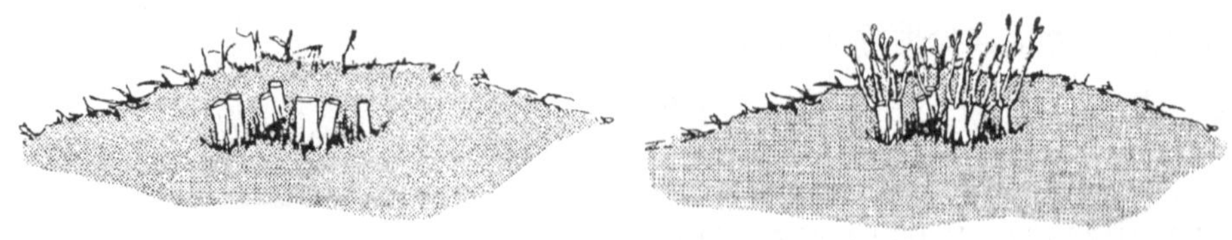

图7-4 平茬示意

（引自Davies等，1994）

当年不结果，但之后几年可获得比未更新树更好的收成。

6. 抹芽

用手或枝剪将植株的萌芽和花芽抹除或剪除（图7-5）。一般对幼树或者花芽过多的成年植株进行抹花芽（疏花），目的是控制花芽量，不让其结果或控制载果量。幼树挂果则成形慢，进入盛果期迟；成年树挂果过多，容易造成大小年，果实品质差，树势衰老快。花量大时，若花果全部保留，有时不但不能增加产量，反而会造成减产。因为花果量大时，营养枝萌发量少，长势弱，营养生长和生殖生长不平衡，一方面容易造成花芽形成量减少，花芽质量不高，减少来年的产量；另一方面，当年的叶果比失调，果实生长缺乏营养保证，许多果实在白白消耗了许多营养后在成熟前就已脱落，并不能构成产量，没有脱落的果实也难以充分发育。因此，成年树抹去过多的花芽和过旺的萌芽是必要的，目的是调节营养均衡和控制通透条件。花芽可在春季萌动至开花期间抹除，萌芽可在春夏抽梢时进行。将有花芽的部分剪除类似于轻剪的效应，可以促进营养生长。如果仅仅抹掉花芽而不剪断枝梢，花芽两侧的副芽还可以萌发出新梢。这个特性对幼树及因树势衰弱而产生过多花芽的成年树很有好处。

图7-5 早春时节抹除过量花芽

在经常有倒春寒出现的地区，为防止因霜冻危害所造成的损失，可适当多留花芽和花，待确定不会再有霜冻时才疏除过量的花果。因其他种种原因而未能及时疏花芽时，疏果也不失为亡羊补牢之举。可以通过疏除或短截结果枝进行疏果。也有通过化学方法来疏花疏果的，可极大节约人工成本，但其效果及对疏花疏果程度的掌握远没有人工可靠。在疏花疏果的程度上，兔眼蓝莓和高丛蓝莓有所不同。在盛果期，兔眼蓝莓的多数品种的单株产量一般应控制在5 ～ 8千克以内，高丛蓝莓应控制在3 ～ 5千克以内。具体控制程度要因品种和植株长势而定。

7. 拉枝

用拉枝手法将倾斜角过大的歪枝扶正或将直立枝拉成最佳角度。如直立型蓝莓品种，成年树中心部位郁闭，可利用拉枝将主枝向四周拉开，使中心部位敞开，改善通风透光状况（图7-6）。

(a) 拉枝前

(b) 拉枝后

图7-6 拉枝

二、修剪时期

一年中的修剪时期，可分为休眠期修剪和生长期修剪。休眠期修剪指落叶品种从秋冬落叶后至春季萌芽前，或常绿品种从晚秋枝梢停止生长至春梢抽生前进行的修剪。此时树体内养分大部分储藏在茎干和根部，因而修剪造成的养分损失较少。生长期修剪指春季萌芽后至落叶品种秋冬落叶前或常绿品种晚秋枝梢停长前进行的修剪。又分为春季修剪、夏季修剪和秋季修剪。春季修剪主要内容包括花前复剪和除萌抹芽。花前复剪是在露蕾时，通过修剪调节花量，补充冬季修剪的不足。除萌抹芽是在芽萌动后，除去枝干上过多的萌芽或萌蘖。夏季修剪常在采果后进行，主要目的是短截旺枝促进分枝，通过疏枝抑制树体生长过旺。夏季修剪关键在“及时”。修剪时期越早，产生分枝数量越多，其长度越长，可以促进分化更多花芽。由于带叶修剪，养分损失较多，夏季修剪对树体生长抑制作用较大，因此修剪量要从轻。秋季修剪以剪除过密大枝为主，此时树冠稀密度容易判断，修剪程度较易把握。秋季修剪在幼树、旺树和郁闭树上应用较多，可改善光照条件和提高内膛枝芽质量。

修剪时间可以影响来年开花时间。在一些有倒春寒的较寒冷地区，有时希望推迟开花。采果后修剪一般可将来年开花时间后延一周。在秋季温度较高，生长末期能继续生长的地区，冬季霜冻也可能使大部分或全部生长末期所长出的枝梢产生冻害，花芽形成也因此受影响，因此，在这些地区种植的蓝莓树也不鼓励采果后修剪。

三、修剪器具

蓝莓枝条木质坚硬，修剪需要质量好的修枝剪、长柄枝剪、手锯及手套等工具（图7-7）。在小的果园常常使用修枝剪和手锯进行修剪。修剪用的手锯常在处理较粗的枝干时使用。在大型种植园种植者可以使用气动修枝器械（图7-8）进行修剪，这种器械配备有空气压缩机，价格也相对昂贵。在遇到严重干旱、病虫害暴发等需要短时间内完成大量修剪工作时也常常使用电动修枝剪（图7-9），以提高修剪速度和效率。在修剪不同行甚至不同植株时将枝剪浸入消毒液中进行消毒，可以防止病害传播。修剪下来的树枝应用粉碎机进行粉碎，使其得以迅速腐烂，而不至于成为田间病害传染源。在劳动力充足的地方，应将修剪下的树枝移出果园，尤其是大的枝条。

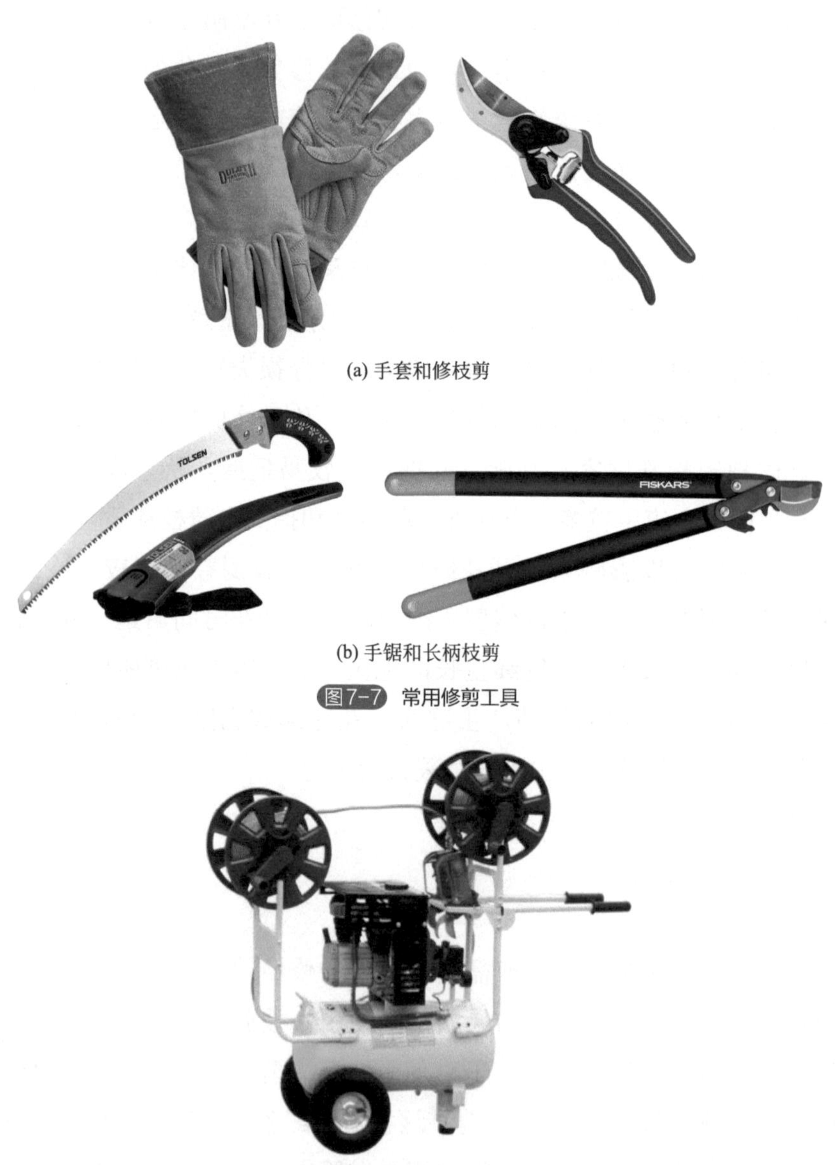

(a) 手套和修枝剪

(b) 手锯和长柄枝剪

图7-7 常用修剪工具

图7-8 气动修枝器械

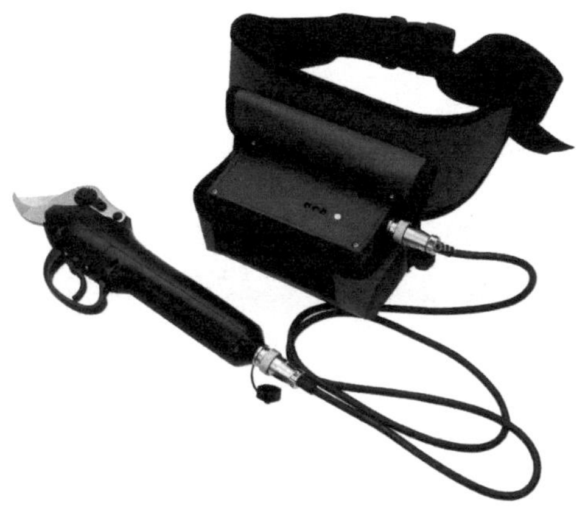

图7-9 电动修枝剪

在国外蓝莓种植园，常使用圆盘锯进行非选择性去顶修剪或绿篱式削顶修剪（图7-10），在劳动力充足时辅以选择性人工修剪。

图7-10 用圆盘锯进行去顶或绿篱式削顶修剪

四、修剪基本步骤

如果按照一些基本步骤进行修剪可以提高工作效率。第一步，先观察树形树势；第二步是剪除下部斜生、下垂枝，疏除所有病死枝、枯死枝、衰老枝，选留基部萌发的强壮基生枝3～5个，其余的全部疏除；第三步，剪除选留主枝上的细弱枝、病枝、过密枝、交叉枝、重叠枝，主要考虑通风透光问题；第四步是上部枝条的修剪，主要是控制载果量，维持壮枝结果；第五步，再整体观察，查漏补缺。

第三节

露地栽培蓝莓修剪技术

一、幼树修剪

定植后1～3年的幼树，枝叶量少，树形尚未形成。幼树期栽培管理的重点是促进根系发育、扩大树冠、增加枝叶量。在修剪上以去除花芽为主。对脱盆移栽的幼树仅需剪除花芽及少量过分细弱的枝条或小枝组。对于不带土移栽的裸根苗，除了疏除花芽外，还需疏除较多的相对弱小的枝条，仅留较强壮的枝条（图7-11）。修剪的强度和苗木根系质量、当地的气候状况以及管理水平有关。定植成活以后的第一个生长季，尽量少剪或不剪，以迅速扩大树冠和枝叶量。但对于管理好、生长十分旺盛的幼树，当植株上部的枝条已经形成较好的树冠，下部或中部的原有辅养枝因得不到充足光照而变成影响通风透光的养分消耗者时，即应及时疏除。3年生以前的幼树在冬季修剪时，主要是疏除下部细弱枝、下垂枝、水平枝及树冠内膛的交叉枝、过密枝、重叠枝等；还可通过轻度短截剪去枝条顶端的花芽。如果花芽量很大，剪除花芽对树冠的大小影响较大时，也可以抹掉花芽，以利于树冠的扩大。花芽被抹掉后，有些花芽两侧的副芽会萌发抽枝。在短截枝条时，留存的枝条应有长有短，错落有致，以便剪口以下的新梢合理占据各自的空间。由于修剪量轻，春季抽生的新梢保留数量较多，往往造成新梢生长势相对较弱和过分拥挤。为防止这种现象的出现，在春季萌芽后，应尽早有选择地抹除部分新梢，以加强留存新梢的生长势，促进树冠尽快向外围和高处发展。通过这样的修剪，在土、肥、水管理配套的情况下，3年生兔眼蓝莓的许多品种，树高可达2米，冠幅可达1.2米；高丛蓝莓树高可达1.5米，冠幅近1米。

图7-11 蓝莓幼树修剪

（引自Williamson等，2004）

1. 兔眼蓝莓幼树修剪

在定植裸根苗时，多数情况下将植株顶端的1/3～1/2剪掉，同时剪除所有低枝、毛刷状枝，仅保留1～3个较高的枝干并进行短截修剪，通过上述修剪使根系和地上部达到平衡。此外，抹除大部分花芽，使植株枝叶在春季和夏季能快速生长（图7-12）。

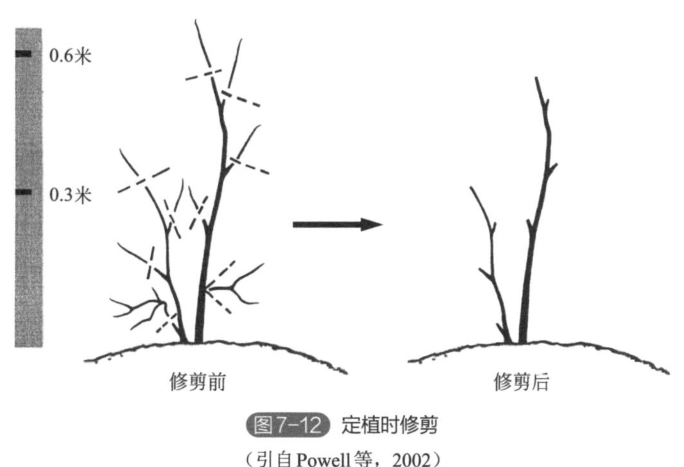

图7-12 定植时修剪

（引自Powell等，2002）

在第二个生长季开始前，剪除所有低于30厘米的低枝、毛刷状枝，这些枝条上的果实不易保证果实质量和果面清洁，无法通过机械进行采收，人工采收也极为不便（图7-13）。对于计划用机械采收的果园而言，首先要确定采收机可采收果实的高度下限。通过修剪将植株基部宽度控制在采收机接收盘宽度至20厘米。如果是计划通过人工进行采收，植株冠幅就不是首要考虑因素，但也要控制在易于操作的范围内。对于长势极旺盛的直立生长而没有分枝的枝条，应在100～120厘米处将其顶部剪除以促进分枝。

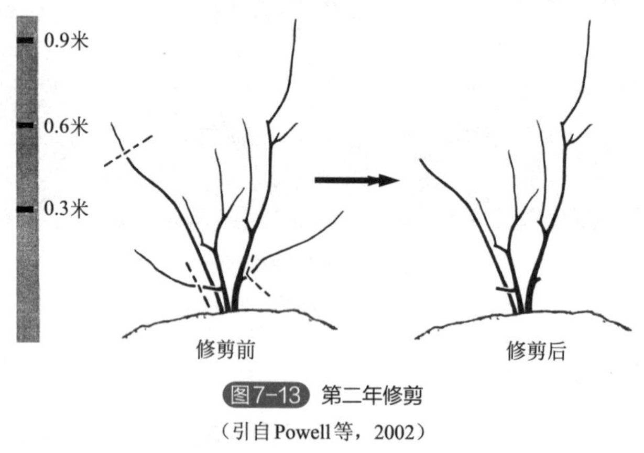

图7-13 第二年修剪

（引自Powell等，2002）

在第三、第四、第五个生长季开始之前，剪除所有过于低矮的枝条，剪掉所有受损折断的枝条。采后将长势极旺的长枝条短截1/3（图7-14）。

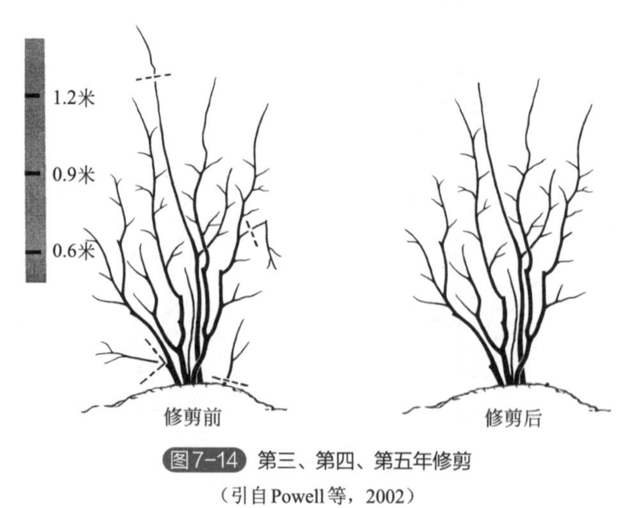

图7-14 第三、第四、第五年修剪

（引自Powell等，2002）

2. 高丛蓝莓幼树修剪

刚移栽及随后的第一个生长季将花芽抹除。在两个生长季之后，可以适当保留一些花芽，也就是说在定植后第三个年头能有少量收成。根据植株总体长势，2～3年生植株每个主枝上的结果量通常控制在2串以下。通过控制幼树的产量促进植株尽快成形，尽早丰产。Strik等（2005）进行了为期4年的去除花芽对'Duke''Bluecrop''Elliott'幼树生长和产量的影响研究，结果表明，过早产果显著降低各品种的根系、树冠及新枝重量。过早产果使'Elliott''Duke''Bluecrop'第四年产量分别降低了44%、24%、19%。'Duke'和'Bluecrop'过早产果处理和去除花芽处理的累积产量基本相似，而'Elliott'过早产果处理的累积产量比对照下降了20%～40%。

生长在温暖南方气候地区的高丛蓝莓只要3～4年即成年，而在北方寒冷气候地区生长的植株要6～8年才进入成年。因此，南方高丛蓝莓和北方高丛蓝莓的修剪方式有所不同。就北方高丛蓝莓而言，一般建议每年萌生的基生新主枝仅保留2个，其余全部剪除，直至植株达到成年。而对南方高丛蓝莓来说，在最初的2～4年，长势旺的植株通常不进行修剪，或是对萌生新主枝进行疏剪，每年仅保留最强壮的3～4个新主枝。根据品种产生新枝的能力不同，修剪得当的成年北方高丛蓝莓和南方高丛蓝莓植株应包含10～20个不同枝龄的枝组。

二、成年树修剪

定植后3～5年的树既具有少量结果的能力，也处于长势较强的时期，是塑造良好树形最关键的时期。修剪时既要考虑保持树体快速生长，也要考虑适当提高挂果能力，为进入丰产期创造好的基础。这时期的修剪，要留强去弱，保持壮枝的长势，并在合适位置适量挂果。进入盛果期后，树冠的大小已经基本上达到要求，应开始控制树冠的进一步扩大，并把有限的空间留给生长较旺盛的枝条或枝组。这时，应疏除树冠各处的细弱枝，在组成树冠的各主要结果枝组中，已有部分开始走向衰弱，要有计划地逐步由新生枝组取代。大枝的回缩分步骤进行，即先回缩1/3～1/2，等到回缩更新后的大枝再次衰弱时，加大回缩力度，剪去2/3甚至从近地面处剪除；如果枝组已严重衰老，也可以从根部一次疏除，由新的、生长势强的大枝取代。采用这种逐年分批更新的方法，比整株衰老后一次性更新要好，这样既能延缓树体衰老，又能减少产量损失。

枝组和大枝的衰弱是相对的，并没有绝对的标准。是否需要疏除或回缩，取决于树体的通风透光状况，疏除的原则是去弱留强。随着树冠的扩大，树冠外围的枝条可能会与相邻植株发生冲突，这时可对其中一方或双方进行回缩，原则仍是去弱留强。另外，在非机械采收的蓝莓园中，植株之间没有固定的疆界，它们在果园中所占据的空间不一定是均等的，必要时可以让强壮的植株占据更多的空间。对于成年树而言，去弱留强要辩证地理解。当某些较强壮的枝条影响到相邻植株的生长时，或对本身树体结构的均衡性造成不利时，仍以去掉最强壮的枝条而保留相对强壮的枝条或中庸枝比较好。

1. 兔眼蓝莓成年树修剪

进入成年后兔眼蓝莓植株高度可达2～3米左右。如果没有很好的修剪控制，结果面常常限于树冠的上部，并逐年往高处推移，使采收变得困难。通过修剪控制树体大小，去除没有产果力的老枝，对株丛年老衰弱部分进行更新复壮。

不同类别兔眼蓝莓种植园的修剪有所差异，采用何种修剪方式取决于是作为采摘园还是商业种植园以及果园规模大小。

（1）采摘园修剪

多数中小型采摘园采用修枝剪、长柄枝剪和锯子进行人工修剪。剪除全部低枝和已经衰弱的老枝，尤其是株丛内膛的衰老主枝，使植株不含6年以上枝龄的主枝。短截枝条，控制树高在1.8～2.1米之间，以方便采摘。剪除枯枝、断枝、细枝、极短枝和受损枝条。如有必要，需要疏花以减小果实负载量。对于8年生以上植株，建议从基部剪除1/5～1/4基生主枝，尤其是细弱主枝，以便新枝萌生形成新的挂果骨架，保留5～10个健壮的主枝（图7-15）。偏离树行的根蘖也应剪除，方便采收和施用除草剂。通过人工修剪塑造枝条向外生长，内膛敞亮通透的直立杯状树形，也易于手工采摘，但耗时费工，这种修剪方法每株耗时5～15分钟。

有些品种，如‘顶峰’（‘Climax’），萌生基生主枝能力弱，这类品种以进行短截或回缩为主，而不是剪除整个主枝。

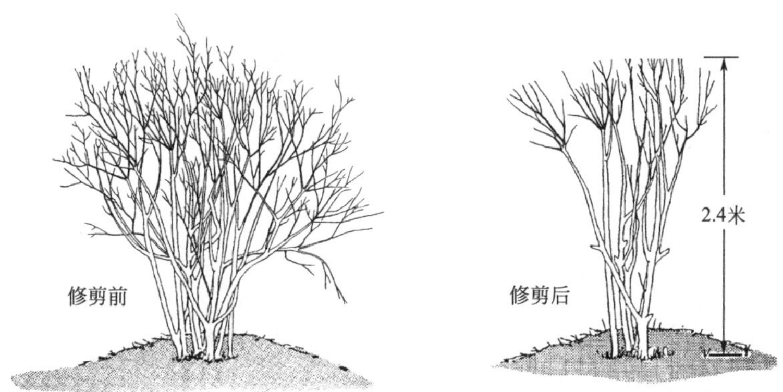

图7-15 人工采摘蓝莓园修剪

（引自Davies等，1994）

（2）商业种植园修剪

兔眼蓝莓大型商业种植园也可以手工修剪，但人工成本过高。这类果园通常采用机械修剪。即在果实采收之后用圆盘锯在树冠距地面一定高度处非选择性去顶（图7-16），或是在采后每隔1年将株丛一半去顶（图7-17），这样不仅可以控制植株大小，产量也不至于显著降低。‘顶峰’（‘Climax’）在剪除50%顶部后的第二年、第三年产量最高，剪除25%顶部后产量不会降低。

去顶修剪的株形和手工修剪的差别很大。机械去顶修剪属于短截，大量新枝从紧靠去顶部位下方处萌生，而去顶后的树冠中部和下部很少有新枝萌发（图7-18）。不建议对生长势极强的品种〔如‘梯芙蓝’（‘Tifblue’）〕进行去顶修剪，因为这类品种去顶后会萌生大量不挂果的枝条。机械去顶不能去除内膛的弱枝、病枝、枯枝、交叉枝及重叠枝，也不能对植株进行更新复壮。因此，在机械修剪基础上，还需要适当的人工修剪进行补充。

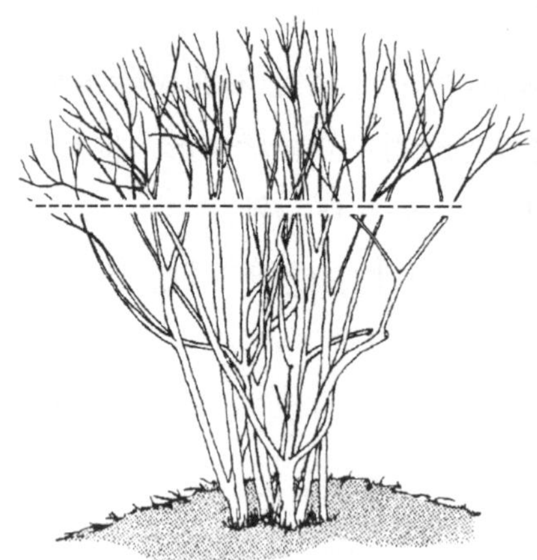

图7-16 非选择性去顶修剪

（引自Davies等，1994）

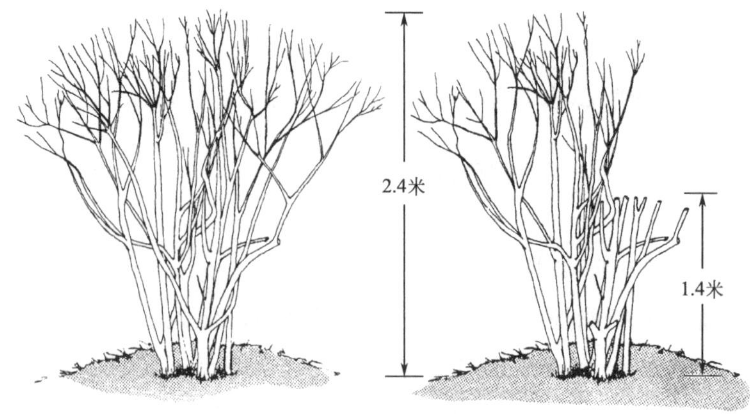

图7-17 株丛半边去顶修剪

（引自Davies等，1994）

图7-18 机械去顶修剪后新枝萌发情况

（3）机械采收园修剪

机械采收园株丛需要采取特别的修剪方式以塑造适合机械采收的树形。采收机的尺寸大小决定了可以让植株生长多大。根据一般的经验，如果枝条相对柔软，植株冠幅可以比采收机宽15～30厘米，植株高度可比采收机采摘室高15～30厘米，在这种情况下，果实损失较少；假如枝条较为脆硬，那么植株大小不应超过采收机大小。现有的采收机采收室下部开口宽度在53～71厘米之间。对于起垄种植的兔眼蓝莓而言，垄的顶部宽度要小于采收机采收室下部开口宽度，这样植株下部低矮部位的果实也能被采收到。从幼树开始整形使其形成最适合机械采收的树形。将植株基部周围萌生的新枝全部剪除以免其阻碍机械运行。植株基部大主枝数量控制在5～10个，且应使其紧挨在一起呈簇状（图7-19）。通过修剪控制树冠高度，以便采收机械（图7-20）从行上驶过。夏季采后机械修剪对于机械采收果园来说是必需的，尽管这会造成产量下降。美国佛罗里达‘顶峰’（‘Climax’）的修剪在7月初～8月中旬进行，株高控制在91～137厘米，‘梯芙蓝’（‘Tifblue’）在7月中进行修剪，株高控制在137厘米左右，这样形成的株形最适宜机械采收。

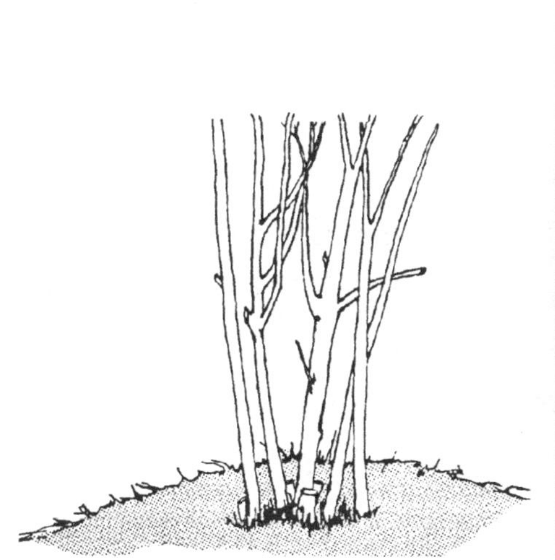

图7-19 机械采收园修剪

（引自Davies等，1994）

图7-20 采收机械

（引自David Creech）

2. 高丛蓝莓成年树修剪

对于进入成年期的植株，修剪的程度一定要足够重，以促进产生强壮新枝。重度修剪提高果实大小，促进提早成熟，但产量降低。在休眠季节，将最大的主枝从基部剪除，让光线尽可能照射到株丛内部。在选择剪除哪些主枝时应考虑其整体状况，那些衰弱的或是染病的主枝应优先考虑剪除，其次是下垂枝或机械损伤枝。在极度严寒地区的果园，通常要到深冬时节才开始修剪，这时能剪除因极端严寒死亡的主枝。修剪的剪口应尽可能贴近主枝，不留残桩。在美国密歇根州，修剪主要侧重于整个主枝的剪除，而在智利和西北太平洋沿岸地区，修剪主要集中在去顶以维持生殖生长和营养生长平衡。

Siefker等（1987）研究了将成年‘Jersey’植株总叶面积的20%～40%剪除后对之后3年里单果重、果实数量及单株产量的影响。结果表明，修剪显著降低了剪后第一年的果实数量，但第二、第三年处理间没有显著差异。剪后第一年和第三年，修剪处理的单果重显著提高。剪后第一年，修剪强度和单株产量呈负相关，但在第二年、第三年不同修剪强度对单株产量没有影响。修剪处理萌生更新主枝的数量显著增加。他们得出的结论是中度修剪会降低第一年产量，但通常单果重增加，此外，修剪促进强旺新枝萌生阻止产量下降。

Strik等（2003）在美国俄勒冈州对‘Bluecrop’和‘Berkeley’两个品种的成年植株开展了为期5年的修剪强度对单果重、产量及采收效率的影响研究。试验处理包括：①常规修剪，包括剪除产果力最差的主枝、疏剪一年生枝条、剪除植株顶部弱枝、过度结果枝；②速成修剪，将1～2个产果力最差的主枝从基部剪除；③不修剪（对照）。结果表明，不修剪对照的产量最高，但常规修剪处理大果率为27%，且采收期缩短一半。常规修剪处理果实始熟期比对照的提早5天。速成修剪处理的各个测定指标居中。

三、老树更新修剪

尽管盛果期后的蓝莓树仍能在较长时期内保持产果能力（如兔眼蓝莓可保持经济产量达25年之久，甚至更长时间），但由于管理不善等原因，很多植株在定植15～25年后生长势衰弱，产量及品质严重下降，此时需要进行整株更新复壮。方法是紧贴地面剪去地上部，若要留桩应控制在2厘米以下（图7-21）。利用新萌生的健壮基生枝重新组成树冠。更新当年没有产量，第二年开始有少量产量，第三年后可获得比未更新树更高的收成。

在整个果园进入衰退期后，在树体完全衰老之前就应考虑重新定植新的植株，而不是连续通过重修剪或平茬进行更新复壮；要在新植株不

图7-21 老树更新复壮修剪

断成长的同时不断回缩老植株，直至最后完全剔除老植株。

1. 兔眼蓝莓更新修剪

通常采用选择性修剪的方法进行主枝更新。每年或隔年将植株内膛1～3个长势趋弱老枝从近地面处疏除，每年剪除株丛的15%～20%，5～6年内完成整个株丛更新，对产量却不会造成太大影响。多年不修剪的植株结果部位外移，仅在树冠顶部很小范围内结果，果实大小和品质均下降。这类植株需要齐地平茬重剪或平茬至距地表一定高度，剪除所有主枝。大量枝从株丛基部萌生。将大部分基生新枝疏除，保留5～10个生长势强的基生新枝作为复壮植株树体的新骨架。平茬复壮之后第一年没有产量，第二年开始有少量产量，第三年产量中等甚至获得比较好的收成。这类修剪只适用于可忽略不计的低产植株或是在特定年份在种植园局部进行，以减轻由此造成的产量下降。

通过夏季适度绿篱式削顶修剪和剪除株丛中部分老主枝相结合的方式逐渐进行植株的更新复壮是最好的方案（图7-22）。建议在夏季将旺盛生长的基生主枝进行去顶或短截，以促进其产生分枝。

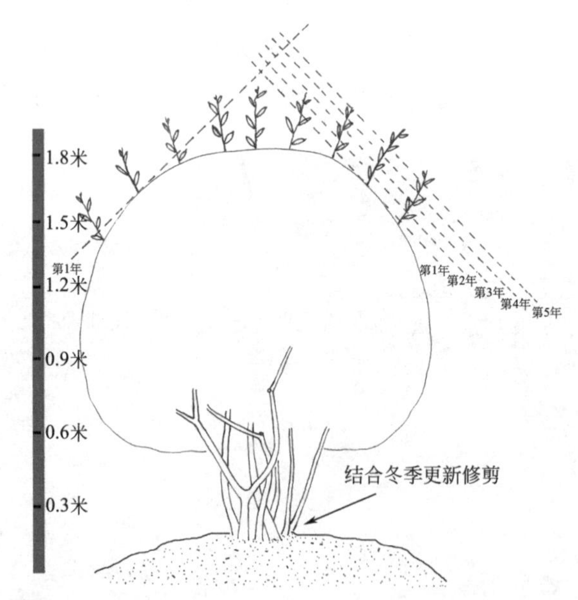

图7-22 夏季适度绿篱式削顶修剪+冬季剪除部分老主枝进行更新复壮

（引自Powell等，2002）

有时采用重度绿篱式削顶修剪方法对兔眼蓝莓进行更新复壮（图7-23）。其中一种是在采后将株丛半边从90厘米处去顶，另外半边在2～3年后再进行同样去顶处理（图7-24）。当因冻害绝产时，应在当年内完成更新修剪。更新复壮的最佳时期是5月份。过早的话植株会再次过度生长；过迟则不能形成花芽。

图7-23 重度绿篱式修剪更新植株

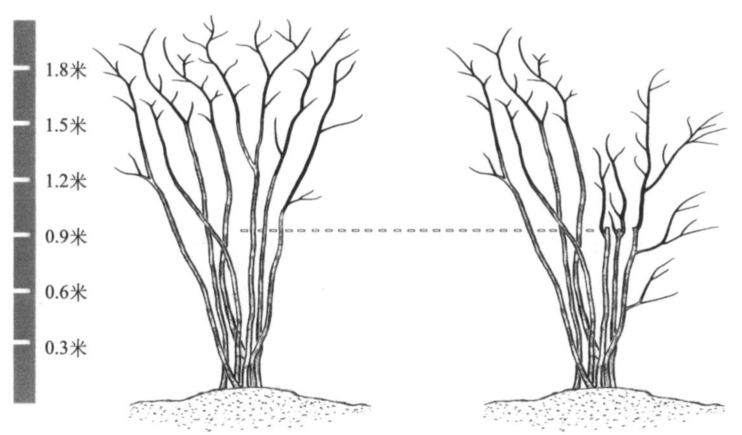

图7-24 半边去顶式重度修剪更新植株
（引自Powell等，2002）

2. 高丛蓝莓更新修剪

高丛蓝莓通常在第8～10年达到最高产量。此时应高度重视修剪措施，否则产量和品质将逐渐下降。建议对这类植株进行系统更新修剪。通过持续多年的更新修剪能够在保持产量和品质基础上，确保维持树势。

最好在株龄6年左右开始进行更新修剪。首先，将衰弱的、有病害的主枝整个剪除；接着，在选留的主枝中，从较老的主枝开始，将每个枝龄段中的2个主枝回缩修剪至强旺侧枝处或距地面30厘米处。通常会有强壮新枝从剪口下方萌生。因此，经过4～5年的时间，这些新的主枝就组成了一个新的植株构架。

对于一个已经多年没有修剪的老果园，要想重新获得高产，大量的修剪工作是必需的。其中的一种修剪方式是除了保留极少数产果力还很高的主枝外，其余所有主枝统统剪除。这样做产量会急剧下降，但至少选留的一些主枝上还有一些收成。在之后的年份里，有大量新枝萌生，必须每年对这些新枝进行疏剪，直至新老主枝达到合理的比例。另一种修剪方式也很有效，即将所有主枝从地表处剪除，次年没有产量。Howell等（1975）发现将大的、衰弱的'Jersey'齐地锯掉后，第二个生长季其产量比不修剪对照的高。

四、夏季修剪

1. 兔眼蓝莓夏季修剪

生长势极旺的兔眼蓝莓宜采用夏季修剪+冬季修剪相结合方法进行修剪。7月底之前，将高出树冠范围之上的徒长性新枝进行短截，低于树冠范围的新枝则短截至其长度的1/2左右。夏季修剪不宜过晚，否则新萌生的侧枝将不能形成花芽（图7-25）。

7月底前将高于结果面的新枝通过机械或手工去顶短截是非常有益的。这些枝条经修剪后会产生分枝，形成花芽（图7-26）。

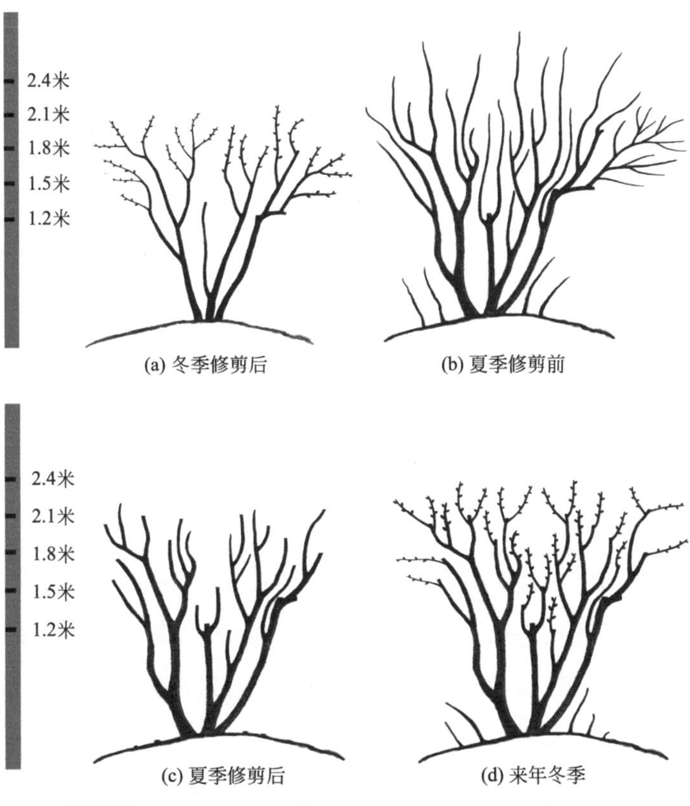

图7-25 采用夏季修剪+冬季修剪相结合方法进行修剪以控制树高

(引自Powell等，2002)

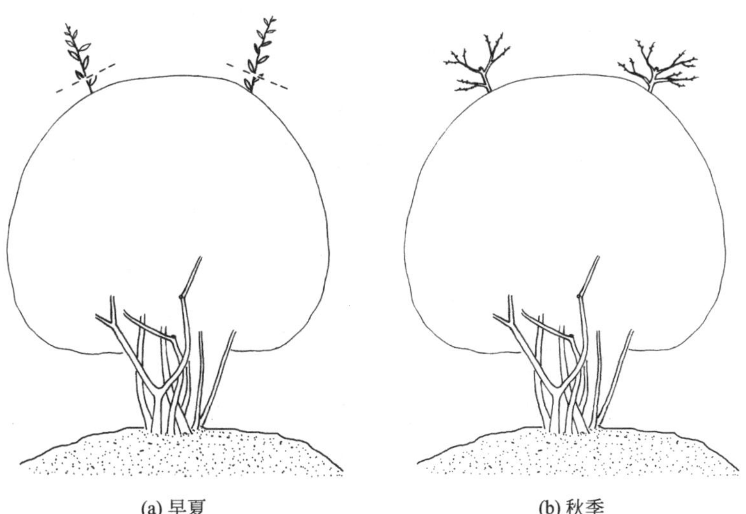

图7-26 夏季将高于树冠的旺长枝短截

(引自Powell等，2002)

夏季进行适度绿篱式修剪有助于很多因采后修剪过重而成熟较晚的兔眼蓝莓品种恢复生长，形成足够多的花芽，保障来年产量。采后立即对长势旺的枝条进行适度绿篱式修剪不会剪掉过多当年生枝条，对来年产量不会产生影响。绿篱式修剪的理想树形是呈45°的屋顶式，有时也可修剪成平顶式。绿篱式削顶修剪的最矮高度通常为1.5米。修剪的高度取决于采收方法或采收机尺寸。每年进行绿篱式削顶修剪时，剪口高度应比上年剪口往上提高5～8厘米，以减少从剪口上发出过多枝条。随着时间推移，株高不断增高，有必要将植株回缩修剪至100～120厘米，逐渐更新株丛。

2. 高丛蓝莓夏季采后修剪

除了冬季修剪，通常还在采后用往复式割草机或绿篱机将南方高丛蓝莓从树冠100～120厘米处进行削顶修剪。这种修剪方式比手工精细修剪快很多，主要目的是控制植株大小、减少病虫害发生、防止负载过量，在一定意义上还可增强植株抗旱性能。

在美国佛罗里达州，已将采后立即进行夏季修剪作为促进南方高丛蓝莓植株产生大量新枝，减少叶片病害，改善植株内膛通风透光的重要措施。在美国北卡罗来纳州东部，采后将早熟北方高丛和南方高丛蓝莓绿篱式削顶修剪已成为一种普遍做法。采收之后（通常在6月份）及时进行修剪很重要。高丛蓝莓大部分花芽通常在夏末和秋季抽生的枝条上分化形成。在采用人工采摘供应鲜果的果园，往往会控制植株株高。通常的做法是将植株剪成屋顶式树形，树冠中央最高处为120厘米，边缘高度为100厘米。修剪高度每年提升或降低2.5厘米。枯枝去除及部分枝条更新应在冬季进行。这些可能可行的高丛蓝莓修剪方式应在具体生长环境条件下，先对不同品种进行试验研究，成功后再大面积应用。

在美国北卡罗来纳州一个成年‘O’Neal’果园中，Mainland（1993）在6月中旬进行了7种修剪处理对产量及构成因素的影响研究：①不修剪对照；②剪除衰弱的、受损的主枝并对植株进行整形；③剪除衰弱的、受损的主枝，剪除受损及花量过多枝条并对植株进行整形；④不剪除主枝，从100厘米处进行绿篱式去顶修剪；⑤从100厘米处进行绿篱式去顶修剪，剪除衰弱的、受损的主枝并对植株进行整形；⑥不剪除主枝，进行屋顶式去顶修剪，树冠中部留高120厘米，下缘高61厘米；⑦进行屋顶式去顶修剪，树冠中部留高120厘米，下缘高60厘米，剪除衰弱的、受损的主枝并对植株进行整形。结果表明，不修剪处理的产量最高，但修剪处理的单果重最高且可保存更长时间。不同修剪处理对采收时间没有影响。

不管是南方高丛蓝莓，还是北方高丛蓝莓，在很多地方都开展了在夏季剪除主枝的实验研究。这类修剪方式主要目的是促进侧枝发生，缓和树势。夏季剪除主枝的时期非常重要，因为修剪后侧枝数量及长度取决于修剪时期早晚。通过在适宜时期进行修剪促使萌生适量强壮侧枝，同时促进形成足够多的花芽，为来年丰产打下基础。尽管夏季修剪通常是在采后不久进行，但仍然需要监测营养芽的生长发育，因为，先前形成的芽和枝条的生长发育会降低修剪反应。不同品种对夏季修剪时间的反应有很大差异。

Banados等（2009）以南方高丛蓝莓‘O’Neal’和‘Star’、北方高丛蓝莓‘Elliott’为试材，研究了夏季修剪日期对其侧枝生长、花芽形成、采收日期及果实重量的影响。结果表明，12月15日～3月15日（南半球），以1个月为时间间隔，在不同时间将枝条短截至20～30厘米。12月中旬修剪处理的‘O’Neal’和‘Star’侧枝数量最多，枝长最长，每个新萌生的侧枝上花芽数最多。12月或1月份修剪处理的果实显著大于不修剪处理或修剪过晚处理的(2.0克∶1.5克)。这两个品种次年果实采收时间均推迟14天。北方高丛蓝莓‘Elliott’对修剪的反应较‘O’Neal’和‘Star’弱。12月份之后修剪的‘Elliott’植株不能萌生侧枝。修剪处理的‘Elliott’果实显著增大(1.7克→2.0克)，采收日期推迟7天。本研究得出的结论是，如果修剪日期较早，夏季修剪可提高‘O’Neal’和‘Star’的产量和果实品质；否则适得其反。要对诸如‘Elliott’这类品种进行夏季修剪的话，修剪时期应尽量提早，且修剪应局限于非常旺盛的主枝。他们还推测，营养芽的休眠状态极大影响修剪反应。

第四节 北方日光温室栽培蓝莓修剪技术

一、幼树修剪

日光温室蓝莓幼树期是构建树体结构关键时期，栽培管理的重点是促进根系发育、扩大树冠、增加枝量，定植2～3年树，从基部发出很多基生枝、细弱枝，树冠郁闭，通风透光差，要清除低位弱枝、平斜枝、交叉枝，保留直立、强壮枝3～4个，培养骨干枝。幼树以整枝定形为主，培养好骨干枝，在骨干枝上建造结果枝组，有层次性、立体性和目的性，进而培养健壮的结果枝群。新定植的小苗或2～3年生地栽苗，主要以短截为主，疏枝为辅，对生长健壮枝条在饱满芽处短截，剪口下第一芽均为内侧芽，利用顶端优势特点促进枝条快速生长，尽快形成树冠，疏除弱小枝条。对当年新发基生枝根据生长健壮程度处理，生长在北侧的幼旺枝剪留35～40厘米，南侧幼旺枝剪留25～30厘米，东西二侧幼旺枝剪留30～35厘米，做到“北高、南低、东西一致”，解决通风透光。在1年生枝上短截修剪时一定要按照品种萌芽、成枝能力来确定剪口位置。半高丛蓝莓品种‘北陆’（‘Northland’）萌芽率、成枝力高，只要在合适位置下剪，剪口下都能萌发2～3个或更多分枝，而北方高丛蓝莓品种‘蓝丰’（‘Bluecrop’）、‘公爵’（‘Duke’）成枝力差，修剪不当，一般剪口下只能发出1个枝条，达不到增加枝量的作用，因此，修剪时一定要看芽修剪，应选择临近芽较密或对芽上面短截，这样就能发出2～3个以上分枝，增加枝量扩大树冠（图7-27）。南方高丛蓝莓品种‘绿宝石’（‘Emerald’）、‘珠宝’（‘Jewel’）、‘密斯梯’（薄雾，‘Misty’）萌芽率、成枝力强，因此，修剪时要以轻剪为主，对

图7-27 ‘蓝丰’重度短截修剪反应

新发出的强壮基生枝或粗壮枝条中短截，避免因重剪造成树体生长过量，发枝量过多、过密，树冠郁闭、通风透光不良，影响枝条成熟度和花芽分化质量。新发出的细小枝、平展基生枝要剪除。短截后新发强壮新梢在15～20厘米半木质化处再进行短截（摘心）促发2次或3次分枝，增加枝条数量，扩大树冠，使之快速进入丰产期，定植后3～4年树体进入结果期，疏除树冠内膛低位枝、细弱枝、下垂枝、交叉枝、穿膛枝、病残枝，三年以上老化枝条回缩到强壮枝条部位。树体结构基生枝数量保留4～5个，结果枝数量达40～50个，花芽数量160～200个，产量1.5～2.0千克。

二、成年树修剪

已稳步进入丰产期的日光温室蓝莓成年树，此时蓝莓树修剪应根据品种、树势、枝量多少，长、中、短枝的比例，分枝角度的大小，花芽数量，枝条的延伸方向，维持原有骨干枝、结果枝组间平衡，正确处理局部和整体的关系，生长和结果的平衡，主枝和侧枝的从属，以及枝条的着生位置和空间利用，以便形成合理的丰产树体结构。疏除树冠内膛低位枝、过密枝、斜生枝、细弱枝、病虫枝以及根系产生的分蘖，老化枝条回缩至强壮枝部位（图7-28）。树冠开张树体疏枝时去弱枝留强枝，

（a）成年树修剪前

（b）成年树修剪后

图7-28 日光温室蓝莓成年树修剪

直立品种去中心干开窗，留中庸枝。三年生以上枝条遵循“六疏一”原则，即每6个三年生以上枝条要疏除一个，从基部疏除，保持枝条和树体的生长势。基部萌发的强壮基生枝条选留3～5个，细弱基生枝全部疏除。成年树基部要有4～5个一年生、二年生、三年生、四年生、五年生枝条。超过五年生以上枝条回缩到基部，或者回缩至生长势较强的一年生、二年生枝条位置。合理的树体结构基生主枝数4～5个，结果枝数量80～100个，每枝花芽数4个，总花芽量320～400个，产量控制在3.5～4.0千克。

三、日光温室栽培蓝莓采后修剪

日光温室蓝莓生长于弱光、高温、高湿环境中，生长期长。果实采收后，如不进行合理采后修剪会导致树体衰弱，枝条、叶片、花芽老化或出现二次开花现象，造成结果部位外移，产量下降。采后修剪是果实采收后对树体进行的一次较全面的修剪，是扩大树冠、调整树体结构、更新结果母枝及结果枝，保证可持续生产的主要技术手段。

若采后修剪时期过早，剪后枝条生长次数增多，结果枝总数过量，会造成树体负载量增加，影响果实品质和产量；而采后修剪时期过晚，结果枝数量较少且不能充分成熟，会影响花芽分化，产量下降。确定采后修剪临界期是保证日光温室蓝莓高产、稳产的一项重要技术措施之一。6月初至6月中旬进行采后修剪，结果枝数较多，结果枝以中、长果枝为主，花芽质量好，平均株产适中，同时夏剪次数较少，减少了工作量。

采后修剪轻重程度必须合理，修剪过轻，树体过高，结果部位外移，短果枝数量增多，影响产量；而修剪过重，对树体伤害较大，树体高度和冠幅受到限制，虽然每个结果枝上花芽数量较多，但结果枝数量少，产量较低。采后修剪以疏除内膛枝、衰弱枝以及回缩、更新结果母枝为主。对1年生枝进行短截，修剪后株高控制在120厘米左右，丛状主枝数5～6个，剪留母枝数16～20个。针对萌芽率低、成枝力差的蓝莓品种'蓝丰'（'Bluecrop'）、'公爵'（'Duke'），采用常规采后修剪方式，剪口下只能萌发1～2个枝条，枝芽量少，产量低；而采用在枝条基部临近密生芽或对芽处修剪，能够萌发3～4个枝条，对于迅速扩大树冠、提高来年产量有重要作用。南方高丛蓝莓品种幼树采后修剪宜轻不宜重，对当年发的健壮、停止生长枝条可保留结果，对新发基生壮枝和树体新发强壮枝进行中度短截促发分枝，培养结果枝组，扩大树冠。成年树树体结构已基本成形，根据主丛枝、结果枝群、结果枝等适当调整修剪，回缩更新衰老结果枝、对当年内发枝条短截促发新枝培养结果枝组和结果枝，根据树龄、品种、树势等剪留35～40个枝条培养结果枝组，扩大树冠，减少摘心次数和数量，控制树势（图7-29）。

（a）短截当年生枝培养结果枝组

（b）短截内膛枝培养结果枝组

（c）疏内膛郁闭多年生结果枝

（d）回缩结果枝培养结果枝组

（e）采后修剪前

（f）采后修剪后

图7-29 日光温室栽培蓝莓采后修剪

（a）摘心前

采后修剪后，树体萌发新生枝条长达20～25厘米时，对其强壮枝条在15～20厘米半木质化处掐心，促发新生枝条（图7-30），一年可进行1～2次摘心。

白露前后正值日光温室栽培蓝莓花芽分化期，及时对处于半木质化的幼旺枝进行摘心处理，南方高丛蓝莓品种生长旺盛，可推迟到9月下旬连续摘心，能够抑制枝条旺长，增加枝条成熟度，促进枝条花芽分化（图7-31），对提高蓝莓产量、品质有重要作用。

（b）摘心后

（c）摘心发枝状

图7-30 摘心促进分枝

（a）促花剪花芽分化状

（b）促花剪开花状

图7-31 摘心促进花芽分化

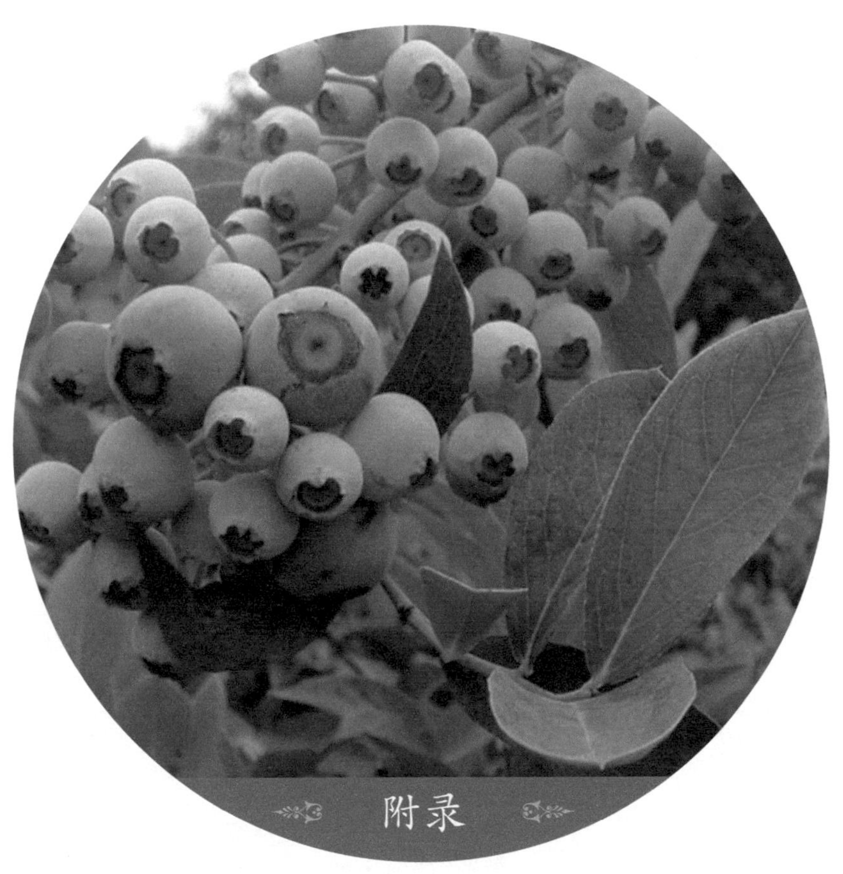

蓝莓园周年
生产管理工作历

时间	物候期	主要生产作业内容	生产管理技术措施
1～2月份	休眠期	冬剪	剪除细弱枝、病虫枯枝等，清扫枯枝落叶，并集中处理。大棚等设施加固维护，防范极端雨雪天气。
		清园	清理果园周边杂灌等。
3月份	萌芽前后	复剪	萌芽前完成复剪工作，以疏除短截为主。
		追肥	氮磷钾（15 ∶ 15 ∶ 15）复合肥，50克/株，幼树减半。
		覆盖	用碎木片、树皮、园艺地布等进行垄上覆盖。
		病虫害防治	萌芽前喷施3～5波美度石硫合剂，主要防治介壳虫及枝枯病等。
4月份	新梢生长及开花期	抹芽、疏花	抹除重生芽和密生的新梢，疏除过多的花芽，控制花量。
		追肥	氮磷钾（15 ∶ 15 ∶ 15）复合肥，50克/株，幼树减半。
		病虫害防治及日常管理	喷施50%多菌灵600～800倍液、苯甲嘧菌酯800倍液、腐霉利800倍液或70%甲基托布津1000倍液，10～15天1次，连喷2～3次，防治枝枯病、灰霉病等。喷施1.2%烟碱·苦参碱乳油800～1000倍液或甲维虫螨腈800倍液，隔10天再喷施1次，防治蚜虫、小卷叶蛾等。浇水、除草。
5月份	新梢及果实生长期	摘心短截	幼树旺梢摘心、成年树徒长枝30～40厘米时进行短截。
		病虫害防治及日常管理	用1.2%烟碱·苦参碱乳油1000倍液或甲维虫螨腈800倍液等防治刺蛾、卷叶蛾等害虫，第1次用药后7～10天再喷1次药。蛴螬发生较重时，用50%辛硫磷乳油1000倍液或80%敌百虫可湿性粉剂800倍液灌根，每株灌250～500毫升。浇水、除草。
		喷施叶面肥	喷施0.3%磷酸二氢钾，6～8天后再喷1次。
6月份	果实生长及转色期	疏果	疏除畸形果和病虫果。
		病虫害防治及日常管理	用诱虫灯、糖醋液、人工捕杀方法等防治刺蛾、卷叶蛾、果蝇等虫害。浇水、除草。架设网眼为10～20毫米的防鸟网防止鸟类啄食果实。避雨棚覆膜。
7月份	果实成熟期	病虫害防治及日常管理	用诱虫灯、糖醋液、人工捕杀方法等防治刺蛾、卷叶蛾、果蝇等虫害。浇水、除草。
		果实采收	待果实靠近果柄处也完全变深蓝色后及时采摘。
		夏剪	南方高丛尽快夏剪，兔眼徒长枝短截。

续表

时间	物候期	主要生产作业内容	生产管理技术措施
8月份	果实成熟期	病虫防治及管理	用诱虫灯、糖醋液、人工捕杀方法等防治刺蛾、卷叶蛾、果蝇等虫害。浇水、除草。撤除已经完成采收园区的防鸟网。
		果实采收	继续收获成熟果实。
		夏剪	兔眼蓝莓采后修剪。
9月份	采后期	病虫防治	苯甲嘧菌酯800倍液、腐霉利800倍液或70%甲基托布津1000倍液，10～15天1次，连喷2～3次，防治枝枯病、灰霉病等。喷施1.2%烟碱·苦参碱乳油800～1000倍液或甲维虫螨腈800倍液，隔10天再喷施1次，防治蚜虫、小卷叶蛾等害虫。灌根防治蛴螬。
		施基肥	施豆饼等腐熟植物源有机肥，每株2～3千克，幼树减量。
		日常管理	浇水、除草。
10月份	采后期	病虫防治	剪除病虫果枝等，并集中处理。
		日常管理	浇水、除草、添加覆盖物。
11月份	彩叶期	病虫防治	剪除病虫枯枝等，并集中处理。
		清园	清理果园周边杂灌等。
12月份	休眠期	日常管理 病虫防治	冬季修剪，清扫落叶，并集中处理。 喷施3～5波美度石硫合剂。

参考文献

［1］Aalders L E, Hall V I, Forsyth F R. Effects of partial defoliation and light intensity on fruit set and berry development in the lowbush blueberry[J]. Hort. Res, 1969, 9:124-129.

［2］Abbott J D, Gough R E. Reproductive response of the highbush blueberry to root-zone flooding [J]. HortScience, 1987, 22(1): 40-42.

［3］Andersen P C, Buchanan D W, Albrigo L G. Water relations and yields of three rabbiteye blueberry cultivars with and without drip irrigation [J]. Journal of American Society for Horticultural Science, 1979, 104:731-736.

［4］Banados P, Uribe P, Donnay D. The effect of summer pruning date on Star, O' Neal and Elliott[J]. Acta Horticulturae，2009, 810: 501-507.

［5］Bryla D R, Gartung J, Strik B C, et al. Evaluation of irrigation methods for highbush blueberry-I. Growth and water requirements of young plants[J]. Hortscience, 2011, 46(1): 95-101.

［6］Bryla D R, Strik B C. Effects of cultivar and plant spacing on the seasonal water requirements of highbush blueberry[J]. Journal of the American Society for Horticultural Science, 2007, 132(2): 270-277.

［7］Bryla D R. Crop evapotranspiration and irrigation scheduling in blueberry[M]. In: Evapotranspiration-From Measurements to Agricultural and Environmental Applications, Dr. Giacomo Gerosa (Ed.). Rijeka: InTech, 2011: 167-186.

［8］Byers P L, Moore J N. Irrigation scheduling for young blueberry plants in Arkansas[J]. HortScience, 1987, 22:52-54.

［9］Childers N F, Lyrene P M. Blueberries for growers, gardeners, and promoters [M]. Norman F. Childers Horticultural Publications, 2006.

［10］Darrow G M. Seed number in blueberry fruit. Proceedings of the American Society for Horticultural Science, 1958, 72:212-214.

［11］Davies F S, Crocker T E. Pruning blueberry plants in Florida. Horticultural Sciences, 2004, 8:1-5.

［12］Edwards T W, Sherman W B, Sharpe R H. Fruit development in short and long cycle blueberries [J]. HortScience, 1970, 5:274-275.

［13］Gasic K, Preece J E, Karp D. Register of New Fruit and Nut Cultivars List 48[J]. HortScience, 2016, 51(6): 620-620.

[14] Gough RE. The highbush blueberry and its management. NY: Haworth Press, Inc., 1994:1390-1580.

[15] Haman D Z, Pritchard R T, Smajstrla A G, et al. Evapotranspiration and crop coefficients for young blueberries in Florida. Applied Engineering in Agriculture, 1997, 13(2): 209-216.

[16] Haman D Z, Smajstrla A G, Pritchard R T, et al. Water use in establishment of young blueberry plants. Gainesville: Univ. Fla. IFAS Bul. 296,1994:1-9.

[17] Hancock JF. Highbush blueberry breeders[J]. Hort Science, 2006, 41(1): 20-21.

[18] Hicklenton P R, Reekie J Y, Gordon R J, et al. Seasonal patterns of photosynthesis and stomatal conductance in lowbush blueberry plants managed in a two-year production cycle [J]. HortScience, 2000, 35(1): 55-59.

[19] Holzapfel E A. Selection and management of irrigation systems for blueberry. Acta Hortic. 2009, 810:641-648.

[20] Howell G S, Hanson C M, Bittenbender H C, et al. Rejuvenating highbush blueberries[J]. Journal of the American Society for Horticultural Science, 1975, 100:455-457.

[21] Keen B, Slavich P. Comparison of irrigation scheduling strategies for achieving water use efficiency in highbush blueberry[J]. New Zealand Journal of Crop and Horticultural Science, 2012，40:1, 3-20.

[22] Knight R J, Scott D H. Effects of temperatures on self-and cross-pollination and fruiting of four highbush blueberry varieties [C]. Proceedings of the American Society for Horticultural Science, 1964, 85:302-306.

[23] Krewer G, NeSmith D S. Blueberry Fertilization in Soil. Athens: University of Georgia, 1999: 1-12.

[24] Mainland C M. Blueberry production strategies. Acta Horticulturae, 1993, 346:111-116.

[25] Mingeau M, Perrier C, Améglio T. Evidence of drought-sensitive periods from flowering to maturity on highbush blueberry [J]. Scientia Horticulturae, 2001, 89(1): 23-40.

[26] Patten K, Neuendorff E. Influence of light and other parameters on the development and quality of rabbiteye blueberry fruit. Proc. Texas Blueberry Growers Assoc., 1989:109-117.

[27] Retamales J B, Hancock J F. Blueberries. Crop Production Science in Horticulture Series, no. 21[M]. Wallingford: CABI Publishing, 2012.

[28] Siefker J A, Hancock J F. Pruning effects on productivity and vegetative growth in the highbush blueberry [J]. HortScience, 1987, 22:210-211.

[29] Spann T M, Williamson J G, Darnell R L. Photoperiod and temperature effects on growth and carbohydrate storage in southern highbush blueberry interspecific hybrid [J]. Journal of the American Society for Horticultural Science, 2004, 129(3):294-298.

[30] Storlie C A, Eck P. Lysimeter-based crop coefficients for young highbush blueberries[J]. HortScience, 1996, 31(5): 819-822.

[31] Strik B, Buller G, Hellman E. Pruning severity affects yield, berry weight and hand harvest efficiency of highbush blueberry [J]. HortScience, 2003, 38:196-199.

[32] Strik B, Buller G. The impact of early cropping on subsequent growth and yield of highbush blueberry in the establishment years at two planting densities is cultivar dependent [J]. HortScience, 2005, 40:1998-2001.

[33] Williamson J F, Darnell R L, Krewer G, et al. Gibberellic acid: A management tool for increasing yield of rabbiteye blueberry [J]. Journal of Small Fruit & Viticulture, 1995, 3(4): 203-218.

[34] Williamson J G, Mejia L, Ferguson B, et al. Seasonal water use of southern highbush blueberry plants in a subtropical climate[J]. HortTechnology, 2015, 25(2): 185-191.

[35] 董克锋，高勇，姜惠铁. 蓝莓园科学施肥技术[J]. 科学种养，2015(10):36-37.

[36] 顾姻，贺善安. 蓝浆果与蔓越桔[M]. 北京：中国农业出版社，2001.

[37] 李亚东，刘海广，唐雪东. 蓝莓栽培图解手册[M]. 北京：中国农业出版社，2014.

[38] 李亚东，孙海悦，陈丽. 我国蓝莓产业发展报告[J]. 中国果树，2016(05):1-10.

[39] 刘肖，苏淑钗，侯智霞，等. 蓝莓人工杂交及幼苗培育技术研究[J]. 中国农学通报，2012，28(34):263-267.

[40] 王慧亮，张慧琴，肖金平，等. 蓝莓育种研究概况[J]. 浙江农业科学，2010 (03):474-481.

[41] 韦继光，曾其龙，姜燕琴，等. 南京市蓝莓园夏季杂草调查及防控建议[J]. 杂草学报，2017，35(03):7-11.

[42] 韦继光，曾其龙，於虹. 南方地区蓝莓简易避雨栽培方法. 果农之友，2020，5:24.

[43] 韦继光，汪春芬，姜燕琴，等. 越橘水分生理生态研究进展[J]. 中国果树，2019，(1):11-15.

[44] 乌凤章. 不同类型蓝莓种子形态及萌发特性研究[J]. 北方园艺，2013(21):32-35.

[45] 郗荣庭. 果树栽培学总论（第三版）. 北京：中国农业出版社，2000.

[46] 徐国辉，张明军，雷蕾，等. 2018年美国公布的全球蓝莓新品种及其育种趋势分析[J]. 分子植物育种，2020:1-9.

[47] 闫东玲，张明军，王贺新，等. USDA-ARS 2016 年公布的蓝莓新品种及其育种趋势分析[J]. 分子植物育种，2019，17(10): 3424-3431.

[48] 尹对，於虹，姜燕琴，等. 不同灌水量对2个蓝浆果品种幼苗生长和耗水规律的影响及相关性分析[J]. 植物资源与环境学报，2017，26(1):30-38.

[49] 於虹，顾姻，贺善安. 我国南方地区越橘栽培现状及发展展望[J]. 中国果树，2009(03):68-70,72.

[50] 於虹，王传永，吴文龙. 蓝浆果栽培与采后处理技术[M]. 北京：金盾出版社，2003.

[51] 赵丽娜，王贺新，徐国辉，等. 美国最新公布的越桔属品种及特征[J]. 中国南方果树，2016(45):180.

[52] 诸彩凤，阊连飞. 适宜南方种植的兔眼蓝莓高效栽培技术[J]. 农技服务，2013，0(03):225-226.